スイス林業と日本の森林

近自然森づくり

浜田久美子

築地書館

目次

はじめに　木を使うこと、森をつくること

1　木を使う暮らし

「地域の木で家を建てて、休日の山仕事で出てくる材を燃料に使えるようにしよう」。この構想のもと、わが家が完成したのが２０００年早々。それから17年がたつ。

当時、私は日本の森――人工林も同規模ある里山も――の手入れがされないのは「木を使わない」暮らしが当たり前になったことが大きな一因だと思っていた。正確に書けば、日本でも木材は大量に使ってはいたが、その大半が外材になっていた。１９９０年代は輸入率がほぼ80％前後で推移し、最高の輸入率になったのはわが家が完成したその年、２０００年だ。輸入率は82％。国産材の占める割合はわずか18％にまで落ちていた。曲がっていたり節があったりと品質の高くない木々の行き場がないのはもちろん、「こんなに太くてまっすぐなのに……」と思う木々でも、樹種によって見向きもされず、間伐されてそのまま森の中に転がされている時代だった。

人工林では補助金で間伐が推進されてはいたが、当時は「切り捨て間伐（伐った木を運び出さずに林内に残す間伐）」が主流だった。日本中に広がる間伐手遅れ問題が山積する現状だったので、「切り捨て」はやむをえない策であるとは思っていた。林内に光が入らないことには、木々が育たないだけでなく、多層に重複している森の公益的機能が低下するのだから、材を捨ててでも伐ることを優先するのはやむなし、と。

ただ、当面は最低限の間伐が進むことが緊急事態ではあるとしても、補助金頼みでは将来が不安だ。森がずっと良い状態に維持されるためには「伐ったら使う」という循環の輪がまわる必要が人工林ではある。森づくりと利用、このセットが連動することが欠かせない、と当時強く思っていた。

何より、数十年と育った木々が何にも利用されないでただ伐られるのは、状況は「やむなし」と理解していてもせつなくてもったいなかった。ごくごく単純に目の前に転がる木々をどうにか使いたかった。その昔、木が燃料として利用されていたことは、山とのつきあいが欠かせなかった時代にはとても理にかなっていたのだとよーくわかるようになっていく。

今ならば、再生可能エネルギーの1つとして不思議に思われなくなった木質燃料だが、わずか20年近く前は、木の燃料は遠い昔話になってしまっていた感が強い。いや、一部では贅沢品の地位にあった。薪ストーブは、憧れの別荘、田舎暮らしの重要アイテムの筆頭に置かれているものだったから。しかし、日常的に木の燃料が考えられるような気運ではなかった。そもそも、使うには設備がいる。その設備がふつうの住宅から一掃されて久しいので、「使いたくても使えない」のが実態だ。だから、

図１　伊那の自宅。家本体は長野県産材。内装は他県の材も含むがすべて国産材。

図２　この薪の量で８ヵ月分ぐらい。伊那では６ヵ月は薪ストーブが活躍。

図３　左が風呂用薪ボイラー。右が後から入れた給湯用薪ボイラー。どちらもハイブリッド。

わが家に生じた住宅問題を機にその設備を組み込んだ家を建ててみることにした。個人レベルでできることをしてみようと思ったのだ。

やってみて、個人のライフスタイルとしての充実感は、素晴らしいものだった。年間にすれば数えるほどにしかならないものの、休日の山仕事をして、そこで出てくる材をこつこつ薪にして、ストーブ、ボイラー、風呂と3種の薪設備で利用している。日々、少しずつやる薪割りはエクササイズのようになり、東京に滞在が長引くと「つまらない」と思うほどになった。山仕事は、最初は家族だけで、途中から仲間と地域の森の手入れをすることになったので、地域ぐるみの活動の充実感も加わった。

木を燃料にする良さという点では、文句なく太鼓判を押せる。単なるエネルギーの変換ではなく、ライフスタイルそのものが変わった。もちろん、薪、という形態は都会での広がりには適さないが、山が間近にある地域は日本中にあり、そこでは大いに可能性があると確信した。何も薪だけで日本中のエネルギーをどうこうしようというのではないのだから、できるところがやってみるのは理にかなう。これは、ある意味では2011年の東日本大震災以降、現実として広がっている。

2　木を使っても森づくりにつながらない

しかし、思っていなかった事実にもぶつかった。木を使うことと森づくりとは「自動的に」連動するわけではない、ということに。

この暮らしを始めるとき「利用が進めば森づくりも進む」と私は考えていた。おそらく、今、日本中で木を使うことが推進されている中で、多くの人は私と同じように受け止めていると思う。そのように喧伝されているし。しかし、そうなるためには、当たり前だがきちんと「筋道」が必要なのだった。計画と言ったらいいか。

こう書けば、「計画がないのか？」と問われることになる。計画はないのか？ あるような、ないような。そんなので森を扱っていいのか⁉ と驚かれそうだが、身近な里山では、実はこれでもできてしまう。「伐ってほしい」という所有者の希望で伐ることだけが主眼の作業だからだ。それでも、まったく何もせずに放置されている状態よりはマシ、と考えて作業をしていた。そして同じ作業をするならば、利用する方がいいのだから、という流れでこれが続けられてしまう。実際に、間伐で林内に光が入るようになると、後にわさわさと樹木も草も生えてくる。その中から将来森と育っていく、と希望的に考えていた。何を育てる、という明確な目標がなくても、できる作業がこうして実利を伴ってあるのだった。

そもそも、里山は明確な将来の森の姿を意識して維持されてきたわけではない。利用が持続することこそが目的だったから、その結果、森の姿がある程度決まった形になるという順番だ。

去年採りすぎたから今年足りない、だからヨソから買おう、というようなわけにはいかない時代には、毎年毎年の必要な利用のためにどうするか？ は大きな問題だ。だから、たとえば草を刈り始める日が厳格に決められたり、使える刃物が決められたり（形状や刃の長さまで）、と「制限」がしっかりあったのだ。好き放題使い放題では、枯渇してしまう。それほど、みんなが里山を酷使していた

図4　2000年頃の手入れがされていなかった、わが家の前の森。

時代が当たり前にあった。持続的な利用のために、みんなで抑制をしてバランスをとる。その結果として、里山は循環していたのだ。それでも、人口の増加や社会の発展で、たいていは利用過多で負荷がかかることの方が多かった。

現代の里山には、循環の要となる決定的な利用がない。そして、放置され樹木は大きくなり林内が込み、結果植物相が単調化し、生物層も単調化していく、という流れになっていた。だから、放置よりも、たとえ将来の森の姿が決まっていなくとも、度を越す利用でなければ里山は再び多層化する方向に向かう、と希望的に思っていた。何しろ、昔と違い使う人がごく少数なので、小さな面積でのごく小集団での利用では、樹木や植物の成長力に対して利用の方が圧倒的に少なかった。薪ユーザーは、劇的に増えていったりはしていなかったから、単純な足し算引き算で、まだまだだ、と思っていた。

だから、将来の明確な森の姿を決めることがなくとも、作業と利用は続けられていく。人工林の場合は、別な背景がある。戦後、人工林の拡大造林政策（広葉樹を伐って針葉樹の人工林に変えていく）が大々的にとられた中で、多くの新しい人工林が作られている。人工林割合は全森林の41％。人工林は、一般的には1haに3000本程度を標準にして針葉樹苗木を植林して、下刈り、収穫までに2～3回の間伐、モノによって枝打ち、40～50年で収穫……というステップが作られていたので、放置によって途中のステップが崩れていても、その流れに戻る感覚でまずは間伐、とやるべき作業が出てくる。

そして、針葉樹人工林は木材生産のためと決まっていたので、「計画」はマニュアルにのっとってある。「森の将来の姿は？」とあらためて問うこと自体がない（もっと綿密に細かく計画し、目標を持つ林業家はいるが）。だから、人工林に対しては、まさしくさまざまな手遅れている作業をすることが、そのまま「森づくり」と称される。私もそのことに大きな違和感を持っていたとは言えない。ただ、先々のことを思うとき、これらの人工林は収穫後はどうなるのだ？　とずっと思っていた。人工林を繰り返しつくり続けることは、どこまでできるものなのか？　と。

いずれにしても、私自身が関わる森の明確な姿を決めることなく（正確には決められる立場でもないのだが）、作業と利用だけで十数年続けていた。

3　森の三方よし——近自然森づくり

でも、だから、目からウロコが落ちた。スイスで実践されている「近自然森づくり」を知ったとき。

近自然森づくりは、木材生産と環境の向上の両方を経済性を無視せずに達成することを求める森づくりだ。木材生産だけを考えてはいけないし、環境面だけを考えるのでもいけない。経済性を無視してやみくもに税金を投入するのもいけない。いけない、というよりは、このどれかが欠けても合理的ではない、ということだ。森をつくる作業は、経済的な整合性のもとで常に何かしらの木材を生産すると共により良き環境・景観向上に資するようにするのが「近自然森づくり」の合理性だった。そして、その3点が押さえられることで、森と人ともどもにプラスを得るという道筋。

「森における三方よしではないか」と思った。「三方よし」は近江商人の心得とされていたもので「売り手よし、買い手よし、世間よし」といって売り手と買い手が共に満足し、かつ社会貢献もできるのが良い商売であるとしていた。「近自然森づくり」は、「人よし、森よし、地域よし」という具合ではないかと思ったのだ。

そう、同じ作業をするならば、すべてにプラスがいいに決まっている。自分たちの薪を得ると同時に、その森の木々が将来にわたって良い木材に育ち、景観も多様で公益性が高まる、そして、誰かだけが得したり損したりしない、そんな欲張りなことを要求するのが「近自然森づくり」に思えた。

あらためて書けば、ここでの「良い木材」は薪などの木質燃料をさすのではない。燃やしてしまう

図5　針葉樹のスギ、アカマツ、広葉樹のケヤキなどを一緒に育てる明るい針広混交林（青森県八戸市の田中林業の森）。

木材は、確かに資源としての材だが、利用という点でいけば最終段階の材だ。建築や家具などに使った後の、残る材から得て、最終的に何にも利用できないところまでいって「燃やす」というのが、もっとも資源を無駄にしない使い方になる。だから、扱う森の中で、将来「良い木材」として育てられそうな木を育成木（ドイツ、オーストリアでは「将来木」と呼ばれている）として決めていく。その育成木を育てるために何をどうするか？　という流れで作業工程は決まっていく。森を多段階で利用できるようにするには、最初の計画が肝心なのだ。

その育成木を育てる中で、育成木にとって邪魔な木が出てくる。それを伐ることで必ず材が出てくる。燃やす木材は、それらから利用することになる。森の木々を最初から全部燃料として扱うのではなく、将来にわたって太く大きく育てる木も混在させるのだ。そして、その将来にわたって育てる育成木は針葉樹だけがなるのではない。針葉樹か広葉樹かの選別が問題なのではなく、その森で安定して育つ樹木は何か？　が重要になる。そこの自然に適する樹木の中で、用材として将来性のあるものをできるだけ育てる……。将来性といってもスイスでの木材の収穫は100年を超すスパンなので、簡単に予測ができるものではない。

また、森の中で1種類だけの樹木の単調さは病気や害虫、災害に見舞われたときに集中して被害を受ける可能性が高くなるので、できるだけ多種の木材を生産するようになっている。そのリスク分散は、将来性に対してもそのまま使われるものだった。自分たちが存在しない将来に、今は重視されていない木の価値が高まっているかもしれないからだ。そこでも、木材生産としても環境面としても両方にかなうように思考され、選択されていく。

4　社会の基盤となっている「近自然」の考え方

「近自然」は英語で書くとClose to Natureとなり、「自然に近づく」と訳される。自然が自然のままであることではなく、人が自然に近づくことで人が必要なものを得ていこうとするあり方、考え方をさしている。自然に近づいて自然に逆らわずに極力得るものを増やすために求められるのは、徹底して自然を学ぶことだとされている。「自然を知れば知るほど、コストが下げられ手間が省ける」というのがスイスフォレスターの常識になっている。

ちなみに、スイスでは近自然はすべてのジャンルの基盤となる考えになっている。森づくりだけでなく、川づくり、街づくり、教育やビジネスなど社会の基盤で、自然の仕組みから学ぶことが基本になる。自明のことではあるが、自然のキャパシティーを超えて自然に負荷をかければ、いずれ破綻する。持続可能性という言葉がさまざまに使われるが、具体的に持続可能にしていくための基盤として「近自然」はスイス社会に浸透しているのだ。

大事なのは、破綻を恐れてガマンが強要されたり、節約を強いられる、というようなものではないこと。ガマンは、持続せずにいずれ破綻する、という現実に根ざしている。だから、近自然の考え方による持続可能性は、豊かさと発展と共にある。ただし、その豊かさと発展は「今を生きている人間だけ」を指標にはしないのだ。人間（社会）も自然全体も、共に将来にわたって豊かに。その最大公約数がどこになるか、の折り合いをつける考え方が、近自然だ。

その近自然が社会のすみずみまで実践されるために、古くからの職業教育がいかに効果的か。森に関して言えば、現場技術者がステップアップをしてフォレスターになる仕組み、森林所有者との密で長年にわたるコミュニケーション、社会全体への普及活動、そもそも森林の重要性を全市民が理解するために小学校で必ず受ける森林教育など——近自然森づくりを知っていくことは、スイスの社会のあり方を知っていくことでもあった。

日本とは異なる社会システムを持ち、異なる国民性であること、何より、拠って立つ自然が大きく違うことは、言うまでもない。だから、スイスで実践されていることがそのままそっくり日本でうまくいくと思ったのでは決してない。

ただ、スイスだからとか日本だからという、国や地域を超えた普遍性が「近自然森づくり」にはあると思ったのだ。自然に逆らわずに、極力自然を利用させてもらうにはどうするかという具体的な実践は、国や地域を超えて人類社会が抱えている命題だからだ。自然を阻害すれば人間にとってメリットがない、という一点を決して外さない。そのために自然を学び、自然を理解しようとし続け、その中からできることを探して実践する、という姿勢は、謙虚であると同時に、とても実用的だと私は思ったのだ。

今、日本では戦後以来最大の木質燃料利用の波が訪れようとしている。木質バイオマス発電施設の計画が日本中に100をくだらない状況にある中、「未利用材」という名のもとに林内の残材（確かに私がもったいないと感じていたものだが）のみならず、放置されていた山々を一気に利用する策としても考えられている。人工林だけでなく、里山も奥地の山々も。

あらためて書きたい。使いさえすれば森づくりになるのではない、と。私自身が漠然とそう思ってしまっていたことを考えれば、「使うことはいいことだ」となるのはたやすいと思えてならない。大面積に効率化だけが特化していくことを本当に恐れる。

しかし、利用が大事なことはゆるがない。ようやく利用の循環の輪ができようという機運である今、本当の循環にするためには何をしたらいいのか？　あらためて確認したい。さらに暮らしのそばにある里山の利用が、暮らしのレベルで広がる可能性も大きくなっている。田園回帰という言葉が出てきたように、I／Uターンで自然に近い暮らしを望む人が増えている。もし、「森の三方よし」を知っていれば、燃料だけにとどまらず多様な森の構成と多様な利用とを連動させることで、人にも森にも地域にも経済的でより豊かにできる可能性が広がる。

この本は、20数年にわたりスイスで近自然森づくりを実践しているフォレスターの日本におけるワークショップを中心に、そもそもの「近自然」の考え方と具体的な近自然森づくりについて紹介している。ワークショップでは日本の各地で「ただ作業しているだけではなく、本当に森をつくるには？」「人工林が成立しないまま放置された森はどうしたらいいのか？」「補助金を使わざるをえないが、現行の補助金を使いながらも将来にも良い森づくりに結びつけたい」などと現場で悩む人たちに出会った。

日本中で、同じような悩みや壁にぶつかっている人たちがいると思う。自分のふるさとの山々が、気持ち良く手入れがされ、かつ、良い材が育ちながら日々の燃料のみならず、暮らしにいろいろ利用される……さまざまな人が地域の自然に向き合いだしている今、「私たち」のふるさとの森がそういう豊かなものになるための一助となれるような1冊になっていることを願いつつ。

序章　森と人の豊かな関係を求めて

1　雑木林のような家を建てる

「はじめに」でもわが家の家づくりについて触れているが、人工林の手入れ不足問題からコトが始まっていると記した。そしてその家づくりは、さらに私に1つの壮大な思いを抱かせるものとなった。「地域の木で家を建てよう」と試みた家は、計画した時点では思いもかけないような材種数が使われて完成した。家本体には地元のアカマツ、カラマツ、スギ、ヒノキ、クリにサワラの6種類が使われている。「床板を何にするか?」などいくつかの選択肢がはさまれながら、こういうラインナップが提供されたのは、その工務店（兼製材所）では特別なことではなかった。そういう地域の材を使う工務店だと知っていたので、依頼したのだ。

知ってはいても、結果的に驚きの内容になったのは家具建具だ。使われた総数30種類。こちらは地元の木だけではなく地域が広がるが、すべて日本の、主に広葉樹だ。そんな数にのぼるのは、トイレのドアには14種類、リビングのドアには7種類などというように板一枚ずつを変えてはめ込んであるドアがあったり、6脚のイスが全部違う材だったりするからだ。

「なーんだ」と思われるかもしれないが、板1枚だけだとしても、これだけの種類があるということ、それがちゃんと使えるようにされているということが驚きではないだろうか。

もちろん、金に糸目をつけずに全国から材を買い集めればできるかもしれない。そうではなく、地元のつくり手がごくふつうに「どの材にします？」と選ばせてくれるストックの材種が60を超えるということは、驚異的なことだった。こちらもまた、そういう建具屋さんだと知ってはいたのだが、実際に選ぶ段になってその数にあらためて圧倒された。単純に嬉しくて、それらの材がきれいで楽しくて、いろいろ選んでしまった。だが、途中不安になった。

「こんなにいろんな木を使ったら、家の中はウルサクならないか？」と。樹種が違えば、板材は本当に色も、木目も、質感も、さまざま違うのだ。いやほんと、なかなかそういう多彩な材を目にする機会がふつうはないので、「木はみな同じように茶色」と思ってしまう。しかし、実際は本当に違う。そのことに驚き感動して浮かれてどんどん選んだものの、それが1軒の家の中でどんな状態になるのか？　と不安になった。いろいろ＝バラバラ＝うるさい、とつながり、その不安を口にした私に有賀建具店の有賀恵一さんが言った。

「大丈夫だと思います。木はね、ケンカしないんですよね」と。

後から考えれば、やや不思議な回答だ。しかし、私はそれを信じた。木が好き同士の持つ木への肩

図1　シンク下はすべてナラ。床はアカマツ。

図2　左：14種の板を組み込んだ「いろいろドア」。右：セン（ハリギリ）の艶が気に入って4枚のドアに使用。

図3　200年を超えるタモのテーブル。クワ、イタヤカエデ、コシアブラ、トチのイス。

入れと言えるだろうか。とはいえ実のところ、この家づくりにあたっていろいろな住宅見学をする中で、地域材・国産材の家づくりを謳っている住宅も何軒か見ていたが、これでもか！　という木のオンパレードに圧迫感がある、とも思っていた。だから、（こんなにいろいろだとさらにスゴイことになっちゃうんじゃないか？）と不安が強まったのだ。そうではありながら、長年、パルプ材にされるか廃棄処分になるような雑多な木々を買ってモノをつくってきたつくり手の「ケンカしないです」のセリフを信じてみたかった。

信じるものは救われた。完成した家は本当に少しもうるさくならなかったのだ。圧迫感もなければバラバラ感とも違う。むしろ、色も木目も一つずつ異なる板同士が醸し出すハーモニーがあった。とても心地良い雰囲気の室内になっていたのだ。驚いた。楽しくて、あたたか味のある空間が気持ちいい。手入れのされた雑木林のようだ、とこの家づくりの顛末を書いた拙著『木の家三昧』（コモンズ２０００年）にも記した。

それからだ。私の中に森のあり方と私たちの暮らしの関係に１つの憧れができたのは。それが「針葉樹も広葉樹も、共に育てられて最後は材として使われること」だ。

当たり前のことのように思われそうだが、当時も今も、木材としては圧倒的に針葉樹が育てられている。広葉樹は、育てられるとすれば萌芽更新（伐った切り株からたくさん生える芽を育てる）を利用しての燃料かキノコのホダ木に使われるのがせいぜいだ。今の日本の林業では、用材としての位置づけは広葉樹には一部しかない。これは一般の人にはちょっと理解しづらい部分ではないかと思う。

木の家具は高価で、それらは広葉樹が主流だからだ（いや、それも認識されないかもしれないが）。

末端のエンドユーザーにとっては、広葉樹は用材としての価価が高くあるのではないかと思う。しかし、材の出どころである林業の世界では広葉樹は視野に入れられない。そのことは、林業を外から見ているときにはわからなかった。もちろん、広葉樹を伐採することは多々あるので、林業が広葉樹を扱わないという意味ではない。広葉樹を「育てて使う」という部分が、用材に関してはめったにないという意味だ。

「育てる」関わりが乏しいせいなのか、林業の世界では広葉樹の地位はとても低い。「雑」と一言でくくられることが、ずっと残念であった。しかし、家という形となって雑木林のような多彩な樹種が使われる経験をしてみると、その良さは「雑」でくくられるにはあまりにもったいないものだった。

そもそも、木々は成長している間は公益的な機能を重複して果たしてくれる。きれいな酸素の供給に二酸化炭素の固定、水源の涵養《かんよう》に土砂崩壊予防、魚を増やし、風を防ぎ気象を緩和する。まだまだあるが、それらの公益性は、どれか1つの樹種が特化して果たしてくれるのではない。すべての木々が何らかの働きをしてくれている結果の集積だ。

であるならば、針葉樹も広葉樹も育つ間はそのような公益性を発揮してもらい、最終的に伐られたら材として私たちの暮らしの身近なところに入ってきてもらいたい。雑木林のようないろいろ材が使われる家は、始まりはワクワクする楽しさで、日常的にはそれらのハーモニーが家の雰囲気を和やかなものにしてくれるから。

余談だが、木だらけの家に圧迫感を感じ、多種類の木が使われているこの家で圧迫感がない、ということについては自分なりに次の2点の違いを考えている。

一つは、視界に入る部分を板にしなかったこと。立っていても座っていても、視線はまず壁部分にいく。天井や床が木であるよりも、視界に真っ先に入ってくる壁部分に木がずらりとあると「木だらけ」という感じになりやすい。それで、壁は木にせずに白いしっくいの塗り壁にすることにした。図と地の関係で言えば、地の方を塗り壁にしたことになる。これで、いろいろな樹種の木は図として白いキャンバスに描かれた絵のごとくになったのではないか？

もう一つは、他で見学した木の家は、スギならスギ、ヒノキならヒノキ、とほぼ単一の樹種ですべてができているスタイルが多かった。同じ材なので、木目や節などで違いはあるものの、全部が均一感を醸すようになるのではないかと思う。これが、樹種が違うと色も見た目の質感も変わる。だから、「木だらけ」という同質感が緩和されるのではないか？

いずれにしてもそろっている美しさと多様なおもしろさというように、これは好みに大きく左右されるものだろう。また、一口にスギ、ヒノキ、と言っても地域によっても樹齢によっても、これまた本当に見た目の違いがあるので、一概にどちらだからどう、とは言いきれない。ただ、「そろえる」ことが常に念頭に置かれる家づくりなので、あえて「違う」ことの利点もあることを記しておきたい。

2 「使うが鍵」のジレンマ

人工林の手入れ不足、放置されて込みすぎるためにヒョロヒョロのスギやヒノキ、全体として真っ暗な森、手入れをしてもまだ残る課題という状況に遭遇して家づくりと薪の利用を始めた。しかし、そもそもそういう状況に出合ったのは、どうしたら木がより良い状態にあり続けられるか？　という私の個人的な命題があった。だから、手入れのされていない人工林だけでなく、里山でも放置による荒れた様子は同じように大きな気がかりだった。

それは、林業や森林の専門を学んだのではない一般人には、特に不思議な発想ではないと思う。人工林だから、里山だから、天然林だから、という区別は、そこに仕事などで関わっている人には重要な区分でも、一般的にはそういう枠組みは持ちづらい。全体的に見える（感じる）目の前の自然や森を「きれい」「気持ちいい」あるいは「汚い」「気持ち悪い」などと感じるか、「好き」「嫌い」そんな区別しかないように思う。いや、遠目に緑ならばそれで十分、という方が多数かもしれない。

私は特に始まりが「木」だったので、森の木々も街路樹も庭木も「木」を見るという点では同じ目線になっていた。「木を見て森を見ず」という視野狭窄を戒める諺があるけれど、とにかく、「木」として一本ずつを見るような感覚だ。たくさんの木があるところ、そうではないところ、という程度で山々と街路樹、庭などの場所の違いを受け止めている感じだった。だから、林業の世界に触れるようになって、木の業界だと思っていたら、現場ではごく限られた木しか視野に入れられないことが大変なオドキロだった。

日常業務に関係がなければそんなものだ、と理解はするようになっていったものの、いろいろな樹種とスギやヒノキとの扱いの落差が大きいことは気持ち的にはおもしろくなかった。そんな背景を持っていた中で、どんな樹種でも「使えないものはありません」と言って利用する有賀建具店は、それだけで肩入れしたくなるのは自然の流れ。そうして、有賀さんはその「たくさんの樹種を持っている」という特性でその後人気を博していった。

そのことを喜びながら、私には別な心配が頭をもたげだした。これをマネして、大手の工務店やハウスメーカーが「いろんな広葉樹を使っています」という建築材を売りにすれば、広葉樹が乱伐されるようになってしまうのではないか？　と。正規（？）で流通する材木の世界では、ある程度の太さに育っていないと用材としては市場で扱われない。つまり、材として流通する広葉樹は、基本的には最低でも100年を超えている。いや、数百年の単位である木が普通だ。

そういう太く大きく育った広葉樹は、今の日本ではどこでも貴重な存在になっている。前述のように拡大造林政策で奥山まで伐採されているからだ。もちろん、そのときにすべての大木が伐られたわけではないが、現在残っている太く育っている長命の広葉樹は、その流れの中での生き残りと言っていい。今でも伐られる事情はさまざまあるが、生態系はもちろん、その後の森林の回復の有無を考えれば、むやみにどんどん伐られるような状況は望ましくない。

しかし、それは「いろいろな材が使われる家はいいですよ」という言い分と矛盾してしまう。

有賀建具店は、その拡大造林政策の時代、どんどん針葉樹人工林に転換されるために伐られていった広葉樹の中に、立派な大木があるのでパルプチップにするのがもったいないと思った人たちから

「こんなのあるけど、いらない？」などと声をかけられては少しずつ買い集めていった。チップに粉砕されるにはしのびない、と思ってくれた人がいて救われたごくささやかな一本ずつの集積から始まっている。つまり、一度の大量の需要に沿うようなやり方ではない。

それでも広葉樹の乱伐を心配をする私に、「大手のメーカーがそんな手間がかかってめんどうなことしませんよ」と言う人がいた。言われてみれば確かにそうかもしれない。雑木林のような家がつくられるのは、地域に密着したつくり手が一軒一軒建てていくスタイルでしかできないとするならば、ひとまず安心できる。

しかし、そのときの「ニーズが大きくなったら、どんどん広葉樹が伐られる」という不安は、私にあらためて森づくりを考えさせる大きなきっかけになった。

つまり、いまだ計画的な育成がされていない広葉樹は、天然にあるものを採ってくるスタイルだ。これが山菜のように毎年新たに出てくる新芽を利用するとか、せいぜい昔の薪炭林のように、十数年から20年ぐらいのサイクルで伐った場所に戻ってくるというやり方ができるならば、いい。

しかし、天然の森のサイクルは、ただ用材として使えるという目処の１００年の単位を単純計算すればいいものではない。１００年たてば太い木が育っているのではないのだ。これは、何らかの理由で天然の森が伐採された後に、針葉樹の植林もされず、ただ放置されていた山では40年、50年と経過してもヒョロヒョロの細い、一見するとまだほんの若木にしか見えないような藪に近い森にしかなっていない場所が全国に存在することからも指摘されている。材として一般的に流通する目安の40㎝ぐらいの太さに育った広葉樹のある森になるまでに（樹種によるところももちろん大きいが）、天然自然のままでは本当に長い時間が必要になることが推測されている。だから、ただ自然に任せることで伐採と再生がバランスをとっていくことは難しい。

天然自然に任せずに、広葉樹を林業として育てることはまったくされていないのか？　そんなことはない。少数だがある。有名なのは北海道の富良野にある東大の演習林だろうか。どろ亀さんこと高橋延清氏が作った「林分施業法」という方法で針葉樹も広葉樹も育てるやり方が戦前から行われている。青森県では南部地域に主にケヤキをスギ林に混ぜて育ててきた田中林業がある。植林したスギ林の中にケヤキがポツポツと育っている。長野県ではミズメにカエデ、ホオにケヤキと多様な広葉樹をカラマツ林やスギ林よりも面積多く育ててきた荒山林業。

私が寡聞で、「広葉樹も」用材として育てている林業家、林業地はまだまだあるだろう。しかし、それでも今のところは「数えられる」ほどであるのもまた確かだ。針葉樹人工林林業が大勢であることはゆるがない。

私は、どこもかしこも広葉樹を育てる林業が望ましいと言いたいのでは決してない。そうではなく、もっと地域ごと、山ごとにキメの細かい木の育て方があっていいのではないかと思う。そうして、育てられた針葉樹も広葉樹も、家づくりを筆頭に多彩に暮らしに使われることは、私たちの日常を豊かにしてくれると同時に、その地域の森を豊かにしてくれるからだ。利用がないから育てる必要もないというサイクルならば、各地域で育ちやすい樹種を少量多品種で育てて家づくりに利用することが、昔のように（昔は別な理由でそうだったわけだが）地域の家づくりの特徴になれば素晴らしいと思うのだ。

しかし、それが夢物語のようなものだと自嘲的に思ってしまうのは、日本ではまずは長年の人工林の手入れ不足の方が緊急度が高いからだ。林業に従事する人たちが激減し、圧倒的な人工林の手入れ不足の解消がなかなか追いつかない状況で、やれ広葉樹を育てる林業を、などという自分の願望は、かなうことはまあ難しい、と自分自身でも思ってしまっていたところがある。

3　針葉樹も広葉樹も育てる国、スイス

その、半分あきらめをまとった思い込みのウロコがコロンと落とされたのが、この本のテーマである近自然森づくりを知ったときだ。前述の、多様な広葉樹を林業的に育てている荒山林業所有の山林で、2011年に催された小さな集まりでだった。一企業が主催したスイスから来たフォレスターのワークショップとシンポジウムで、スイスで実践されている「近自然森づくり」が紹介された。

チューリッヒ州で当時2つの村、シュテルネン村とヴィラ村（現在はもう一つ別の村と合併されて1つの村となっている）を担当しているフォレスターのロルフ・シュトリッカー氏（以後ロルフと呼ぶ）が語るスイスの森づくりは、私が夢物語と思っていた針葉樹も広葉樹も共に育てる林業が、さまざまな点で持続可能のために必要な要素であるというものだった。

そう、私が一人で超個人的な「願望」と思っていた森づくりは、そんな小さな枠で見てはいけない

ものだった。

歴史的には、スイスも日本と同様にドイツ式の単一の針葉樹人工林をつくっている。大規模な一斉植林が始まったのは1800年代（19世紀）後半で、当時スイスは森林の過剰伐採で（放牧地や畑、人口増加による燃料利用増加などの理由で）森林面積が国土の10％近くにまで落ち、災害の頻発に苦しんだ末だ。そのときにスイスでは皆伐および森林以外への用途の転用が原則として禁止されて今も継続されている。また、盗伐を取り締まるために森林警察官として現在のフォレスターへと続く職業ができた。今でもスイスでは森林内での違法行為に対してフォレスターは警察・監督権を持っている。

森林面積は現在30％にまで回復しているが、この回復のほとんどは前述の針葉樹人工林の一斉造林でなされてきた。それによって森林面積が回復していったが、大きな転機が訪れたのが1980年代から90年代に頻発した大型のハリケーンによる被害だった。そのときのハリケーン被害はスイスの林業における森づくりを大きく方針転換させるものとなった。

それは、単一樹種の森の危険性を認識することから始まっていく。ハリケーンによって大量の風倒木が生じたことは、それ自体が木材生産にとっても森にとっても大打撃だが、折れ、なぎ倒された累々のしかばねのような木々には大量の病虫害が発生するという二次被害がついてまわってくるのだ。連続して起きる二重の被害を受けた林業関係者たちは、同じ樹種で、一斉に植林する森の危うさを認識していく。

21世紀の今は当たり前になっている「持続可能性」という言葉だが、そんな言葉が出る以前から、スイス人は「生き延びる（つまり持続する）」ためには何をすればいいか、を考えるDNAを持っているると近自然森づくりのもう一人の紹介者である山脇正俊氏（スイス近自然学研究所代表：スイス在住約40年）はよく言う。フランス、ドイツ、オーストリア、イタリアという大国に囲まれた地下資源の乏しい山国スイスは、近代に入るまではとても貧しい小国だった。厳しい状況の歴史の中で、属国にならずに生き延びてこられたのは、状況を的確に分析し、現実的に対応し、そうして何が何でも生き延びるというあり方だと山脇さんは言う。「日本人は、美しく散ることを良しとするけど、スイス人は死んじゃダメなの。何としても生き延びるのが良し」と言う。

そういう意識を内在しているスイス林業者たちにとって、同じ樹種同じ年齢の森がバタバタと倒れて無残な状態になったハリケーン被害とその後の病虫害被害は、「単一樹種では生き残れない」と認識させていく。だから、針葉樹も広葉樹も、の森づくりに転換されていった。

もちろん、スンナリと一気に変わったわけではない。ハリケーン被害が一度ですんでいたらどうだったのかわからない。研究者や市民のニーズが強まる中、1980年代、90年代と何度か続いた被害がスイス人林業者の危機意識を呼び覚ましていく。ロルフが早い段階で単一樹種の転換に動いたのは、2つの背景がある。1つは、もともとチューリッヒ州の街育ちで自然保護寄りだったこと。もう1つが、ちょうど初期のハリケーン被害のときに森林作業員として働き始めたタイミングが大きく関係している。来る日も来る日も被害木の処理の仕事だったスタートが、単一の同齢樹種の森のもろさとその仕事のツマラナさを強烈に実感させたと語っている。めぐり合わせの妙だろうか。

さまざまな年齢の針葉樹と広葉樹が混在する森林は、針広混交林と言って日本でも2001年の森林・林業基本法の改正時には環境的に望ましいとされている。しかし、ハリケーン被害以降のスイスでは針広混交林が林業的にも望ましいとされて近自然森づくりとなっている。その理由は、列挙すると以下のようになる。

1. リスク回避

前述のように、針葉樹の一斉林で受けた打撃で最大のポイント。どれか1つの樹種にすべてを託すのではなく、「分散」させることで100か0かのような「賭け」の林業となるリスクを避ける。100年以上の収穫サイクルのスイスでは、100年間にどんな天変地異や病虫害の発生があるかわからないという認識がベース。

2. 土壌の質の維持

木を成長させる要素は光と水と土壌の3点にかかっている。土壌はもともとの土質があるが、栄養素となる腐葉土は落ち葉が重要になる。単一の樹種では落ち葉も単一になる。土壌の中には数え切れない微生物がいて、それらの微生物が土壌を豊かに保ってくれる。多様な微生物が何を好みとするかは千差万別で、多様な落ち葉があることが微生物にとって良いのだ。また、広葉樹の葉でも分解の速い、遅いがあるが、全体として針葉樹よりも窒素含有率が高く総じて分解が速い。これらから単一の針葉樹のみの土壌よりも質がより良く保たれる。

ちなみに、ロルフの住むチューリッヒ州では、針葉樹林に最低30％は広葉樹を混ぜることが1つの目安となっている。30％以下になると、土壌の質が低下し木の成長量が低下することがあきらかにされているからだ。

3. 森全体での光の量の最大化

光合成によって木は成長（太る）するが、太陽から注がれる光自体を人為的に増やすことはできない。しかし、受ける量は人為的に増やすことができる。それが、森林の立体的な構成を複雑にするやり方。ランダム（高い木もあれば低い木もあり、縦方向に伸びる木もあれば横方向に伸びる木もあるなど：図4参照）になるほど光を受け取る表面積が大きくなる。地下の根の張り方も凸凹になる。そのためにも樹形の違う樹種が混在することが良い。

4. 木材販売のリスク回避

1と重複するとも言えるが、林業が木材生産を核にしているものであることから、あえて明確に取り出しておく。森林が長い時間の中でどのような被害を受けるかのリスクがさまざまある中で、被害を受けたときにまだ売れる木材が森にあるかどうかは林業の持続性にとって重要。そのためには、樹種が複数あることが大事。そのメリットは、同時にある樹種の材価が下がってしまったときにも適用できる。つまり、単一樹種の森よりも、材価の変動に対応しやすいという利点がある。また、大量生産による安さ競争になるような材の生産よりも、ライバルが少ない高級材として取引されるマーケットを常に狙う。そのためにも手持ちの樹種が単一ではない方が良い。

図４　年齢も樹種も異なる樹木が混ざる森は、樹上も地下も凸凹となり構造が複雑になるメリットを、長女の描いた絵で説明するロルフ。

それは人件費が高く、材価が低く、急峻地の多いスイスでは林業が生き延びるためのほとんど唯一の方策と言われる。

5. 市民の満足度

スイスでも森林所有者でない一般市民は木材生産にはさほど関心はない。しかし、一般市民が林業に好意を持っていなければ、木材需要が伸びないし、さまざまにやりづらい（たとえば、作業に対して騒音や環境破壊ではないかなどのクレームがついたりなどなど。スイスは直接民主制で一人一人の市民が日常的に「モノ申す」国で不満や疑問を黙っていない）。一般市民を味方にするためにも、多様な自然度が高い森であることが景観としても、レクリエーションとしても好まれる。そういう一般市民に望まれる森づくりと林業を共存させる。

6. 公益性を高めることによる税金投入の納得感

5とのつながりが強いが、こちらも明確にしておきたい。木材生産のみに特化した高密度植林した森林では、防災面での安全上も、生態系の豊かさの維持においても、また「気持ちいい森」というレクリエーション利用の目的からも、近自然の多様な森に劣ることはあきらかになっている。これらの公益性を高めつつ生産される木材にこそ、さまざまな税金が投入されることに市民は納得する。現在、スイスでは持続可能な林業の基盤はまずもってエコロジーであることが明確にされている。それが林業というビジネスにとってのメリット（長期的な利益）となる。木材生産だけに特化した視点で森を見るやり方では、生き残れないとも言える（スイスでは森に対して

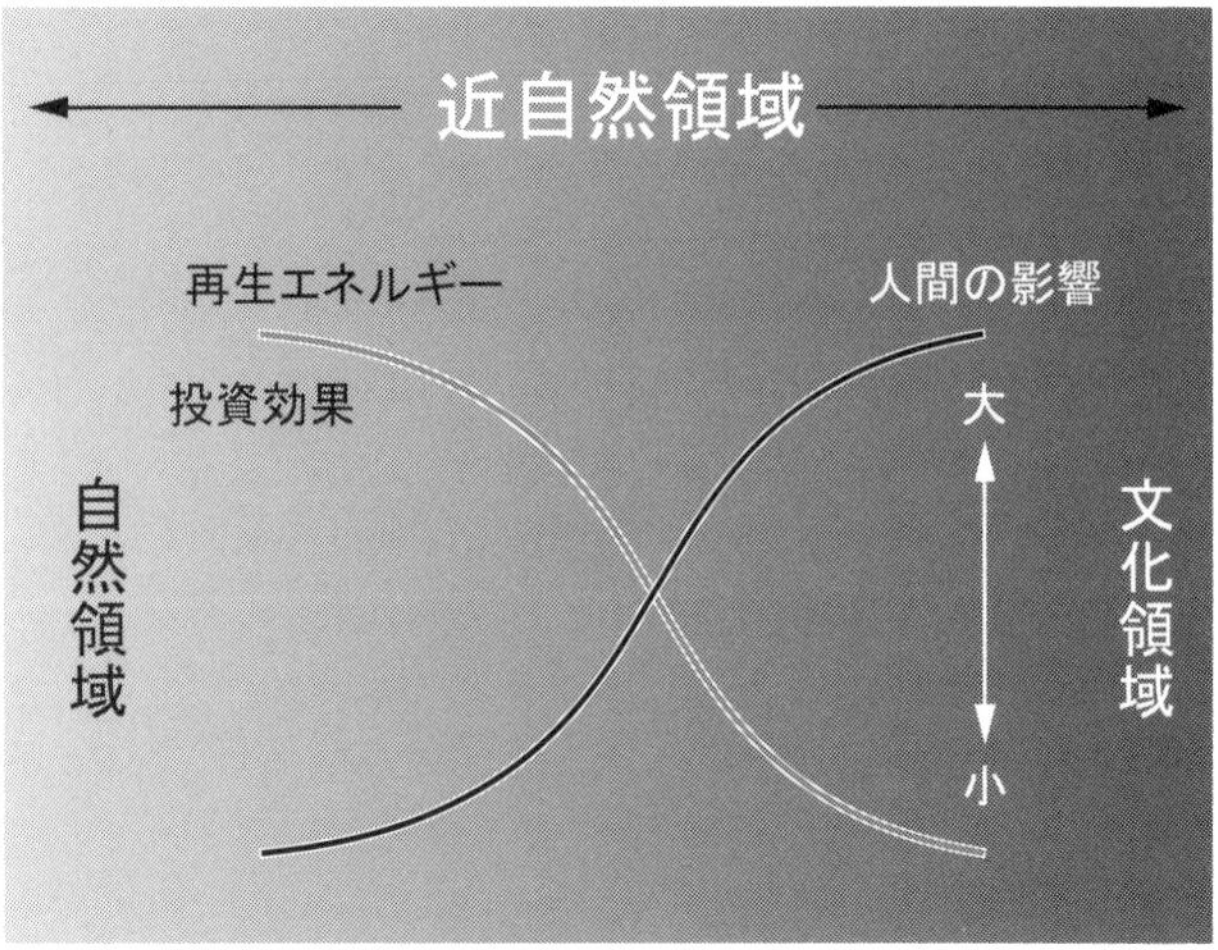

図5　近自然領域と自然・文化領域の図。
山脇正俊著『近自然学——自然と我々の豊かさと共存・持続のために』より転載

環境やレクリエーション面での補助金があるが、木材生産の補助金は撤廃されている)。

直接的に森林、木にとってプラスになることだけでなく、間接的なメリットも含めて、多様な樹種を育てることが林業の持続性にとって必要、という流れでスイスの森づくりは転換されていたのだった。

4　「どちらか」ではなく「どちらも」へ

森づくりの前につく「近自然」という言葉。近自然を日本に紹介している山脇さんによれば、ドイツ語表記ではNaturnahとなり、日本語と英語表記で示せば「自然に近い:Near Natural」「自然に近づく:Close to Nature」というのが原義となり、自然そのものを理想とすることではないという。「近」は「人が関わる」という意味で、人間の側に軸を持っていることを明確に位置づけている。どうやったら自然とうまくおつきあいして、人間の得になるように、それも今だけではなく、子どもや孫の子々孫々まで長いこと得になるようにできるか。あくまでも、人が自然を利用させてもらうという人間の視点だ。

図5のように、原生自然（自然領域）を左においたとき、対局の右は市街地のような文化領域、つまり人為・人工的な状態があるとして、そのどの部分における活動をするかによって、近自然の手法は大きく異なる可能性がある。どの状況においても、めざすのは「自然と人との調和」であり、自然も人も共に豊かさをどう維持できるか？　をさまざまな場面、事態においてどちらの側にも得になるような折り合い点を見つけ出そうという考え方、概念が「近自然」となる。

日本でも、言葉としては「自然と人との調和」はいろいろなところで掲げられている。同様に、「自然との共生」とか「自然との共存」などという言葉も使われている。しかし、どうだろう。これまでのところそれらは言葉・概念の域を出ないことの方が多くないだろうか。「そうはいっても……」と実際の行動はこれらの言葉を脇に置いて、あるいは目をつぶって自然に大きな負荷をかけ続けている。その負い目を強く意識すると、今度は極端に環境への負荷を罪悪視する方向に傾いてしまったりする。

自然と人との調和を求めて起きるこのアンバランスは、そもそもの考え方が「どちらか」を選択しなければならないという私たちの思考の枠組みにあると山脇さんは指摘している。「どちらか」という二項対立を前提条件にして考える限り、調和はもたらされない、と。そして、「どちらか」ではなく、「どちらも」を追求することが近自然の最大の鍵としている。

図6　スイスでも針葉樹だけに見える森林はまだ多い。急激な変化を避けてゆっくり多様化させている。
Antonio Nunes/Hemera/Thinkstock

たとえば、「環境」と「経済」。環境のためには経済的発展をガマンする、抑える、ということが必要なのではなく、あるいは、経済のためには環境が悪くなるのはやむをえない、とするのでもない。「環境」を良くする方向で「経済」を盛んにするにはどうしたらいいか？　を考え実践する、ということをめざす。「そんなムシのいい話を」と思われるだろうか。

しかし、常に最大公約数を見いだす考え方をする、と言ったらいいだろうか。異なる条件や希望、目標をそれぞれが持つ社会の中で、違う考えや違う方向性を敵視したり排除するのではなく、「こちらとあちらとそちら、それぞれが歩み寄り、それぞれが満足できる最大で最適の落としどころはどこか？」と常に考える思考方法なのだ。「両立思考に妥協はない。それは対立思考の典型的な結果だから」と山脇さんは言う。

ここで大事なのは、「どこに向かっているのか?」という方向、目標は常にあきらかにされていなければならないこと。そのときどきのそれぞれの希望や方針の妥協点を探すだけでは不十分になる。それは行き当たりばったりとなって迷走してしまう。ある方向をめざすときに、それぞれが持つ利害や思惑の違いを、めざす方向に沿って最大公約数を見つけ出すのが近自然となる。そして近自然が常に到達する最終目的が「豊かな自然と豊かな生活」。この両方を共存させることが大前提ですべての分野で人々が考え、行動する社会となっているのが現代スイスだというのが山脇さんの紹介だ。

「どちらか」ではなく、「どちらも」。初めてこれを聞いたとき、虚をつかれた。それができればいいに決まっている。でも、それができないから今の社会はこうなってしまったのでは? そうも思った。「二兎を追うものは一兎をも得ず」の格言も頭に浮かんだ。

しかし、落ち着いて考えてみると、そもそもの前提に(どっちもなんてムリ)という思い込み、あるいは、(何かを得るためには何かをガマンしなければならない)、という思考の枠組みが無意識のうちに発動されていることに気づく。最初から、常に与えられる解決策の規則が「両方」となっていたならば、どうだろう? 私たちの、無意識のうちに持っている枠組みから始まる思考方法の問題がそこにはあるのだ。

だから山脇さんは言う。パラダイムの変換だ、と。近自然は、従来の思考方法、概念の枠組みの延長線にあるものではなく、新しい考え方だと言い続けているが、それはこの点をさしている。自分たちの考えの枠組み、基盤そのものを「どちらか」から「どちらも」に変えることが鍵になるのだった。いわく、二項対立から両立思考へ。

日本でこの両立思考が当たり前になるためには、時間軸の捉え方の枠組みを変えられるかが鍵ではないかと思っている。スイスでは、本当にごく当たり前に「次の代にも使えるか」という考え方を至るところでしている。「今」利益をあげる、あるいは損をしないことに最大の力を注ぐ社会となっている現代日本との、大きな違いがそこにはあった。スイスでは、豊かさを実現するためにかかる経費や利益に対する時間的な枠組みが、日本よりもずっと長期的なのだ。ビジネスのことを言っているだけではなく、日々の私たちの暮らし、消費行動にも当てはまる。使い捨てや、ひたすら安いことを良しとして選び、買うことは、次の代に思いをはせる行動とはなりにくい。

しかし、スイス人に「生き延びる」遺伝子が脈々と受け継がれてきたとするならば、私たち日本人にも、自然との共生を長らくしてきた歴史、八百万の神を自然すべてに見て敬った遺伝子があるはずだ。明治維新以降、第二次大戦の敗戦を経てそれらをかなぐり捨てるようにして欧米に追いつき追い越せとここまできてしまったが、そろそろ、遺伝子の眠りを呼び覚ましたい。ましてや、森林・林業は短期決戦型の日本にあっても、長期的思考を余儀なくされるおそらく最大の分野だ。

子々孫々まで森の豊かさと私たちの暮らしの豊かさを持続させるためには、何をどうしていけばいいのか？　温故知新でいけば、日本にもさまざまな知恵と技はある。しかし、それを途切れさせてしまいつつある今、しかも時代や社会の状況がすっかり変わっている中では、「昔のまま」を再現すればすむ、というわけにはいかないだろう。だから、「今」それをやっているスイスの現代性を参考にできないか、と思うのだ。

ゆめゆめ、そのままを移植すればできると考えているのではない。気候風土が大きく違い、樹種の数から住宅のあり方、何より、暮らし方、社会が違うのだから。でも、「自然にマイナスをもたらさずに豊かに生き続ける」考え方は、時代や地域を超えて普遍性がある。

森の豊かさだけでなく、私たち人の暮らしの豊かさも、両方がかなうあり方は何なのか? 「どちらか」ではなく、「どちらも」、を常に原則として最適解を見つける。その姿勢と実践を日本の、それぞれの地域の気候風土と人々の暮らし方、あり方に応用する。そして、その応用には、日本の昔の知恵と技を取り入れることができる。目的に向かって、より最善の最大公約数を探す。手段や手法は、さまざまあって良く、その地域、関わる人々が最適なものを選ぶのだ。目的と手法。これを混同させないことが、重要だ。

次章から、具体的なスイス近自然森づくりの考え方、実践、近自然そのものについて紹介していきたい。また、日本で近自然森づくりを求める人たちにはそれぞれの切実さと同時に、非常に共通している背景が出てくる。それが、今の日本の森、林業が直面している課題にほかならない。それゆえ、多々ある課題をどうクリアできるかの試行錯誤は困難さを伴っている。でも、「始めなければ始まらない」と一歩を踏み出している方々の奮闘を報告したい。

1章　近自然森づくりの考え方

1　太陽と森と近自然

太陽の光は森の存続に不可欠だ。いくつかある木の成長の要素の中で、光は人間で言えば日々の食事、栄養源となる。そして、人間の手が及ばない自然現象の中で、森における光は、受け取り方を人間の手で調整することができるという点でも、とても重要なのだった。つまり、人間が木々の成長に直接関与できる貴重な窓口なのだ。

太陽エネルギーの活用は、自然と人間の豊かさの共存をめざす近自然学において、その目的達成のための基盤と位置づけられている。太陽エネルギーと聞くと、今や日本では太陽光発電のことをさすかのようになってしまった。しかし、発電のように高価な設備を必要とせず、設置場所の葛藤も起こさず、廃棄の際に生じる処理問題もまったくない優れた太陽エネルギー利用は、太古から続いている。木と森の活用だ。

そう、木は太陽（光）エネルギーが光合成で変換されてできている。森は、太陽光エネルギーで満ちた木々がバッテリー電池のごとく並んでいると言ってもいい。そのものズバリ、エネルギーとしての燃料をはじめ、建築、土木、さまざまな分野での資材・原料としては有史以来世界中でずっと利用されてきた。現代になると、化学物質として、あるいは医薬品、遺伝子利用などと木や森の原形をとどめない多様な能力も引き出されるようになっている。

素材としての利用価値の幅広さがかように多岐にわたっているだけでもすごいことだが、成長にあたって木は水と光（そして大地）しか必要としない。現代の一般的な農作物のように肥料や防虫剤などを使う木など、ない（松枯れになされる防虫剤散布の例はあるが）。さらに、朽ちて生命を終えるときはもちろん、燃焼のときでも、化学薬品処理をされたり塗装されたりしたものでなければ有害物質を残さない。

もちろん、木以外にも優れた素材は多様にある。適材適所、プラスチックにしても鉄にしてもアルミにしてもセメントにしても、「それでなければ」というジャンル、場面がある。何もかもを木で代替しようと言いたいのではない。ただ、木のこの優れた特性――生きる間は水と光で育ち、死ぬときに害を及ぼさず、伐っても育てれば再生可能――は、他の素材との違いがきわだつものであることは強調してもしきれない。何億年もかかってできる石油は、その恩恵にあずかれるラッキーな時代に遭遇している私たちはいいものの、さて、いつまでそれは続けられるだろうか？

石油の埋蔵量が本当はまだとても多いのか、あるいはハイドロメタンやシェールガスなどの新しいエネルギーの発見などが今後ともあるのかもしれない。しかし、忘れてはいけないのは、それらの埋蔵エネルギーは、それらができるまでの莫大な時間と私たちが利用可能な時間との落差がとても激しいということだ。そのため、最終的には枯渇への道を歩む可能性の方が高い。私たち人間が利用し続ける素材・原料としては、再生可能かどうかは大事な鍵となる。

素材・原料としてだけ見てもその再生可能性の優れた木を、森として見るとどうだろう?

防災や水源の涵養や調節などなど公益的機能の守備範囲の広さはまた多岐にわたる。そして生物多様性の要だ。それゆえ、近自然学では無尽蔵な太陽エネルギーの光だけでなく温熱利用と、その光エネルギーを幹に溜めて多種多様な原材料となってくれる木と森の多面的な利用が、自然と人間の豊かさの持続の基盤となるとしている。その基盤を崩さず、さらに確固としたものにするためには何をどうすればいいのか?　という発想が貫かれる。

木材となると林業という一産業、また森林となると自然科学やアウトドア、レジャーなどの一部のジャンルの話と受け止められやすいが、そういう限られた分野の話としてではなく、持続可能性の基盤としてある木と森、という社会全体にとっての位置づけを理解していただいてこの本は進む。

2　光の調整

木の成長と言う場合、厳密には2つの面がある。高さが伸びる成長と、太さが大きく（太く）なる成長だ。高さは土地の地力と樹種の特性とでだいたい決まるため、人間の働きかけが直接影響するのはいかに太くできるか（あるいは太さのコントロール）の方になる。

そこで、主に太さの方をさして「成長」と呼ぶことが多い。この成長の鍵を握る要素には、土壌（土質含む）・水・光の3点がある。中でも、木を太らせることにストレートかつ大きな影響力となるのが光だ。葉に受ける光合成によって木は成長するので、光をどれだけ浴びられるかは木々にとって死活問題となる。葉っぱは、太陽光パネルそのものだ。

もちろん、その成長のメカニズムは世界共通だし、それを左右するのが光であることも、林業ではその調整が鍵となることも近自然森づくりに限らず重視されている。日本で人工林の間伐がここ数十年にわたって緊急かつ大々的に進められているのも、深刻な間伐手遅れによる光不足のさまざまな弊害を取りのぞくことが急務となっているからだ。

では、近自然森づくりにおける「光の調整」の特徴とは何か？

1．将来にわたって育てる目標の木（育成木：目標木、将来木ともいう）を中心にした光の調整と

2．扱う森全体の光の最大化

という2つを満たすことだ。

1の育成木の考え方や決め方については2章で詳述するが、近自然森づくりでは日本のように1haの人工林に対して何％の割合で間伐するというような決め方はしない。育成木を決めた段階で、その木の現状を観察し、その木に対して光の邪魔をする木（ライバル木）がどれかを見きわめる。その時点ですでに邪魔をしている木は当然だが、今後10年ぐらいのうちに育成木の邪魔になりそうかどうか

もあわせて見きわめる。もちろんもっと早く――たとえば5年後ぐらい――その森に再び手が入れられるならば、5年後に間伐すればいいということになるかもしれない。要は、今後のその森への関わり方の頻度と、木々の成長具合の予測を重ねて考えるのだ。

この育成木に対する光の調整で気をつけなければならないのは、周りの木をすべて邪魔者として伐ってはいけないことだ。作業が増えることで余計なコスト増となるだけではなく、育成木を支援する重要なサポーター木を伐り払ってしまう危険性もあり得るからだ。日本の人工林での間伐では基本的に残す木に近接する木々がすべて伐られることが多いので、ここは違いを明確にしたい。

近自然森づくりの基本は、自然に近づく。その流れでは、森にできるだけ急激な変化をもたらさないことを旨とする。早く太るようにと育成木にたくさんの光が届くようにしたくても、四方八方から光が射すような大変化は避けるのだ。育成木にとって、周囲の木々でさえぎられていた光が急に全方向から当たると、樹上の葉っぱに光がたくさん届くようになるだけでなく、幹にも光が当たり、そこから新しい芽（これを後生枝《こうせいし》と言う）が出てきてしまうことがある。これは材の品質を下げるもとになるので、木材生産の上では望ましくない。また、森にとっても一気に林内に光が入るとそれまでの森の気温や水分（乾燥度）が大きく変わっていく。そういう変化を避けるために育成木にとって関係のないような木々もとても重要になる。このような木々をサーバント木（下僕）という。手を入れる限り変化はやむをえないのだが、「急激な」変化をできるだけ抑えることが鉄則なのだ。

だから、将来にわたって育てる育成木をより効果的に太らせるために邪魔だてする木を間伐するものの、育成木の幹には適度な日陰ができるように、また、その森の全体の光量が急激に変わらないように育成木の周囲全部は間伐しない。育成木1本ずつに対してどのぐらいの木が間伐されるかは常に現場でフォレスターが観察して決める。だから、一定の本数や割合で一律に伐るという考え方はない。

近自然森づくりの光の調整の特徴の2番目は、現在の日本ではまだ浸透していない。それが、森が受け取る光の量の最大化だ。複数の理由からスイスでは単一樹種で同齢となる人工林づくりをやめているが、その一つの理由がこれだ。同一種で同齢の人工林は、ほぼ同じ高さでそろう。空から見るとしたらデコボコのない整然とした様子になる。その場合樹上は平面に近づく。一方、針葉樹と広葉樹が混ざり、若木と老木、高い木低い木とそろっていない森は、空から見るとデコボコだ。しかし、その凹凸が降り注ぐ太陽光を受け取る面積を広げる。

森全体で受け取る光の量は、異なる樹種の異なる年齢で構成される森の方が多くなることが研究で裏づけられているのだ。そして、その異なる樹種と異なる年齢での森づくりは、地域ごと時代ごとに森の樹種の構成が変わることは当然ある。木材生産からすれば、やはり高く売れる木、需要のある木がそこに入るのはもちろんだ。肝心なのは、林業としても「高く売れる単一の樹種だけ」で森を構成させないという点にある。

育成木の葉にできるだけ光が注ぎ、しかし幹には光が注ぎすぎない。林内の気象や水分の変化を極力小さくする。そして森全体には光ができるだけ入るようにする。林業を行う森でこれらが守られる。

3 「自然」と「コスト」の関係

植林して育てる人工林林業から脱却して、地域ごと地形ごとにもともと育つ樹種の中から林業的に利用できる木を育てる林業に転換したスイスでは、何年で伐採（収穫）というルールがない。基本は、利用しやすい太さ（胸の高さでの直径）になったかどうか、が収穫の目安となっている。これも樹種によって林業的にはその目安の太さが違う。育てる期間でいうとふつう100年を超えている。

さて、太陽の光を最大限に取り込むには、成長のいい樹種を育てることが得策になる。ちなみにこの考え方は、日本では戦後に大々的に針葉樹人工林を育てることになった発想と同じだ。広葉樹よりも針葉樹の方が成長が早いから針葉樹に転換する、と。それなのに、つくる森がスイスでは多種多様な樹種と年齢。日本では一種で同齢。どういうことか？

違いは先の時間軸のとり方にある。序章で触れたように単一の一斉人工林がハリケーンで大被害にあった教訓は、仮に一斉林の針葉樹人工林の方が短期的には成長量を大きくできるとしても、それを選ばせない。森を維持し、収穫し続けることを望むならば、まず何をもってしても「安定」する状態を保つことが重要とされている。仮に多少成長の遅さ、鈍さがあるとしても、森を失っては元も子もない。多種多様で異年齢の方が危険が分散される。

そう、森を持続させるためには、何よりもまずこの「安定」を確保することがスイスでは大前提となる。もちろん、自然が相手なのだから、絶対に安定し続ける策はない。だから、いかに危険を少なくするか、となるのだ。樹木の多種多様さにとどまらず、森のありとあらゆる生物――大型動物から菌類に至るまで――が繰り広げるみごとなネットワークがなるべく維持されていることがリスク分散となると彼らは考える。

しかし自然保護ではないから、ただ自然に委ねてすむというわけにはいかない。持続的な安定のために森の自然としてのネットワークを極力壊さないように、育てたい木の成長を促す――そのために必要なことが、自然をできるだけ学び知ることだった。自然のメカニズム、気象や土壌の質、樹木や植物の特性特徴、動物や微生物に至るまで、関わる森についての情報を知れば知るほど、やってはいけないこと、やっても無駄なこと、やると加速すること、逆に減速すること、が見えるとされている。

つまり、どの段階にどのくらいの作業をするか、という作業の見積もりにこれらの情報が大きく影響するのだ。たとえば、前述の育成木の邪魔をする木々の間伐。本当に育成木の邪魔になっているかどうかの見きわめをちゃんとすることで、余分な間伐作業が減らせる。機械的に何本に1本の割合、とか何%、とすれば本来ならばやらなくていい作業が生じる。その違いの積み重ねが、作業量の違いとなり、コストへと反映されるのだ。

本当に必要な作業かどうかは、自然について知れば知るほど見きわめがつけやすくなり、それが作業を減らす大事な鍵となる。森にとっての負荷を減らすと同時に、人間の側の手間とコストを下げるという一挙両得とするために、自然についてできるだけ学ぶのだ。

4 「森林のプロ」への道

今、これから初めて関わる森を前にしているとする。関わる人にとって欠かせないのが、その森について知ることだ。その知り方は、森の現在・過去・未来、という時間の流れの3点を押さえるアプローチをする。より詳細で具体的な見方は次章で紹介するので、ここではこの過去・現在・未来という時間のうつろいの中で森を眺める視点を常に持つことを記しておく。

現在については、目の前の森から直接的な情報を得られるので――たとえば、スギの人工林だとか、下草がたくさん生えているのかいないのか、どんな種類の下草が生えているのか、込んでいるのか光が林内に届いているのかなどなど――実際に見て考えやすい。しかし、過去にどんなことがその森にあったのか、また、先々その森が「自然のままならば」どうなっていくのか、について思いをめぐらすことは意識づけが必要になる。

そして、ここでの情報収集にも自然を知っていることがその情報量に大きく影響する。つまり、自然について学び知っておくことは、森を扱う前提条件とされるのだ。気象や土壌、地形や地質、そして歴史。これらを関わる森に近づくための必須項目として、学ぶことがまずは重要となる。これが、実はスイス林業の要にある。教育体制が整っているのだ。

そもそも森林に携わるプロになるためには、日本でいう高校レベルから始まる現場を主にして職業学校でも学ぶ3年間（週4日が現場での見習い教育、週1日が学校という徹底した現場中心）を始まりとして、森林現場作業員、上級森林作業員、フォレスターという積み上げ型の職業体系をスイスではつくっている（詳細は5章に）。森林作業員教育で学ぶ内容とその先々で学ぶ内容は、項目的な違いよりも幅と深さの違いの方が大きい。

中学を出た段階の、まったくの素人で始まる森林作業員教育でも、自然のメカニズムや気象や土壌地形地質など、森に関わるにあたって必要な知識を勉強・実習する。しかし、個々の内容を深く掘り下げて学ぶ時間はない。どのジャンルでも大枠として必要なことの基礎を学び、その3年間を終えて職業人となってから、それぞれの項目をさらに深く働きながら学び、スキルアップとステップアップをしていく仕組みがあるのだ。フォレスターは、現場の管理と経営を統括し、指示する役目なので、学ぶ知識の深さと幅広さが高度になる。そのため、フォレスターになるには一度離職して全寮制の2年間のフォレスター学校で学ばなければならない。

スイスではこの森林作業員教育を経て現場を経験してからなる現場フォレスター（国家資格）と、主にギムナジウムを経て専門大学で森林を学んでなる林学修士（エンジニア）の上級フォレスター（国家資格ではなく職種）という2種類のフォレスター制度を使っている。徹底して実践を司る現場フォレスターと、現場をバックアップするためのさまざまな研究や解決策を探り現場につなげる行政的な役割をより大きく持つ上級フォレスターという棲み分けになっている。

ちなみにスイスでは高校レベルにあたる職業訓練校への進学が7割を占め、あらゆるジャンルで現場中心の実践実習と勉強が補完される「レーレ（見習い）」という社会システムを持っている。このことが、実践的で現実的な社会経験を若いうちから身につけて長い人生を生き抜く確固たる仕組みとしてあるのが特徴だ（詳しくは拙著『スイス式［森のひと］の育て方』２０１４年亜紀書房刊を参考）。

５　理想像から目標、そして手段へ

近自然の理想像は、繰り返し出てくるように「自然と人の豊かさの共存が持続すること」だ。さまざまな分野でなされる近自然のアプローチでは、それぞれの理想像はこの大元にのっとっている。近自然森づくりならば「森と人の豊かさの共存の持続」となる。

目標は、その森づくりの目的、地域性、関わる人々、関わり方、などによって掲げられる内容は違ってくる。しかし、理想像（ヴィジョン）を基盤にして到達目標（ゴール）が決められ、それから手段・道筋（ルート）の検討に入る。大事なのはこの順番だ。と、そんなことはハナからわかっている、と思う。思うのだが、これが本当に不思議なほど目標と手段が混合して考えられてしまう傾向が私たちにはある。

たとえば、目標として現状の人工林を針葉樹と広葉樹の混ざる混交林にしようと話している段階で、「道がつけられない」「材価が安いから作業ができない」などなどの現状での「できない理由」や「できない要因」が噴出してきてしまうことが多々起きる。結果的に、目標を現状でできることの方に変更する、というような収まり方に落ち着いていく。それをして「現実的な対応」だとする考え方もある。

しかし、それでは目標を手段や道筋によって変える、ということになる。手段や道筋によって目標が変えられるのならば、めざす理念（もしくは理想像）から遠のくのは必定。つまり、「現実的な対応」をし続ける限り、めざす目標と理想像は次第に乖離していくことになるのだった。そうして、日本ではこれが当たり前となっている向きがある。だから、あまり気にしないですませていないだろうか。政治でも行政でも企業でも、パターンは同じだ。それゆえ、掲げられた理想像や目標が「絵に描いた餅」となることがとても多いのではないだろうか。

これは考え方の癖づけが、理念（理想像）→目標→手段・道筋、という順番を「逆行はできない」という鉄則の中でする習慣が私たちには乏しいことからきている。往々にして、手段・道筋から目標や目的を考えてしまうなどということをしないだろうか？　私は、指摘されて初めて気づいたが、よくやっていると認識した。もちろん、解決したい課題や、めざす目標を持ち、目的を明確にして何かをする、という流れはあるのだが、いざ着手しようとする段になって「現実」がのしかかる。

かかる経費をどうするのか？　手間をどこまでかけられるのか？　それができる人はどこにいるのか？　などなど山ほど出てくる具体的な手段と道筋の整理に目を奪われると、いつの間にか目標の達成が困難に思えてくる。そのとき、「じゃあ、現状でできるところまで」とか「今できることを」という現実的な対応が出てきてしまうのだ。目標を忘れたわけではないものの、先送りしていく癖は否めない。先送りしてもその目標から外れたり、目標を変えたりしなければまだいいが、残念ながら、しばしば目標は忘れられがちとなる。

近自然学研究所の山脇さんは、日本でのコンサルティングを長年する中でこの思考方法の壁にずっとぶつかり続けているという。「この3つの混同がすべてを壊す」と明言している。「手段や道筋は実現したい目標が決まって初めて選ぶべき基準ができるもの。ただ安いから、とか、この機械を持っているから、使いたいから、などと手段や道筋から先に考えてはダメ」と言い続けている。

考え方は癖づけだ。そして、この順番を意識することは、常に全体像を俯瞰する視点を養う。一方、現実的な対応力は重要な力であるのは確かなのだ。理想像と目標に向かう道程で、現実の資金力や使える手段、道筋、資材の調達などを柔軟に駆使できるならば、百人力だ。終章に、山脇さんが実践している考え方のエクササイズを掲載している。

6　変化は小さく

光の調整の項で触れたように、森に及ぼす変化はなるべく小さく抑えるように心がける。もちろん、自然界の中では落雷や台風、山火事など大変化をもたらすできごとは往々にしてある。それが森をかく乱してある意味では森を活性化することがあるのも確かだ。しかし、人為で森の生態系全体に及ぼす影響を計算することは難しい。

人の手が入ることでもたらされる森に入る光の量の違い、風の通り道の変化などは、森の中の気温や乾燥度などを変える。しかし変化が小さく抑えられれば、森の生態系にもたらされる負荷は小さくてすむ。一気に空間があくような手の入れ方（皆伐や強い間伐）では、これが激変する可能性が高い。

とはいえ、管理・作業する森が一カ所だけではないプロの林業者たちは、1つの森に張りついて毎日毎日同じ森に入れるわけではない。変化に対する森の許容度はどのぐらいなのか？　行った作業が森にダメージをもたらしているのか、それとも回復のために活力が上がる方向に動いているのか？　それを見ながら森づくりをする。しかし、基本は、「小さく」であり、必ずその影響を経過観察する。

7　観察！　観察！　観察！

作業後の経過観察に限らない。森に関わるにあたって、もっとも大事なものと位置づけられているのがこの「観察」だ。特に現場フォレスターは、仕事のすべてにわたって観察が求められる。一に観察、二に観察、三も四も観察、と強調するほどに。

4で森の見方として現在・過去・未来について見ていくと書いたが、そこでなされているのももちろん観察だ。作業の前に観察、作業をしたら観察、そして時間を経てもまた観察。自分たちのなした行為が、めざす森の形から離れてしまう行為だったのか、それとも求める方向に少し加速させることができている行為だったのかを見きわめていく。

とはいえ、限られる時間の中で管理する森すべてに足繁く通うことはできない。現場フォレスター、ロルフのやり方は、「ついで観察」だ。そのときどきの主要な仕事現場があるとすると、その行き帰りにちょっと寄れる場所に以前作業をした森があるかどうかをいつもチェックしておく。たとえば、4年前に手を入れた森が今の現場近くにあるとしたら、仕事の帰りに立ち寄って4年間が経過した森の状態として自分の予測と合っているかどうか、森の様子を観察していく。次の手入れまで（ロルフは平均的に10年周期ぐらいで管理している森を一巡するという）このまま置いておいて大丈夫か、今どうしても手を打つ必要なことは起きているか、などを見ていく。

観察を続ける仕事であるため、習熟するにしたがい変化の見きわめや予測をつける時間は短縮されていくし、間違い、ズレは減っていく。だから、習熟すればするほど、仕事は効率良くなっていく。

8　収穫がそのまま「手入れ」に

スイスの近自然森づくりでは、最終的には収穫（目標の太さまで十分成長した育成木の伐採と運び出し）の作業がそのまま手入れと更新となることをめざしている。それは、その森には林業面から見て現在、または将来において価値のある木々がメインになっていることを意味する。年齢は幼木から若木、壮年の木とさまざまだが、素性形質の良い木がいつの時代でも生産できる状態である、ということになる。

そういう森ならば、十分な太さに成長した木を伐採して収穫した後にできた空間に光が入ることで、残っている若い木々がさらに成長しやすくなる、ということを繰り返すだけでいいことになる。わざわざ手入れの作業をする必要がなくなり、収穫だけを繰り返すことでそれが手入れとなるならば、経費的にも利点が大きい。

これは日本でも「なすび伐り」と呼ばれる間伐の方法として知られている。いい木から収穫して、

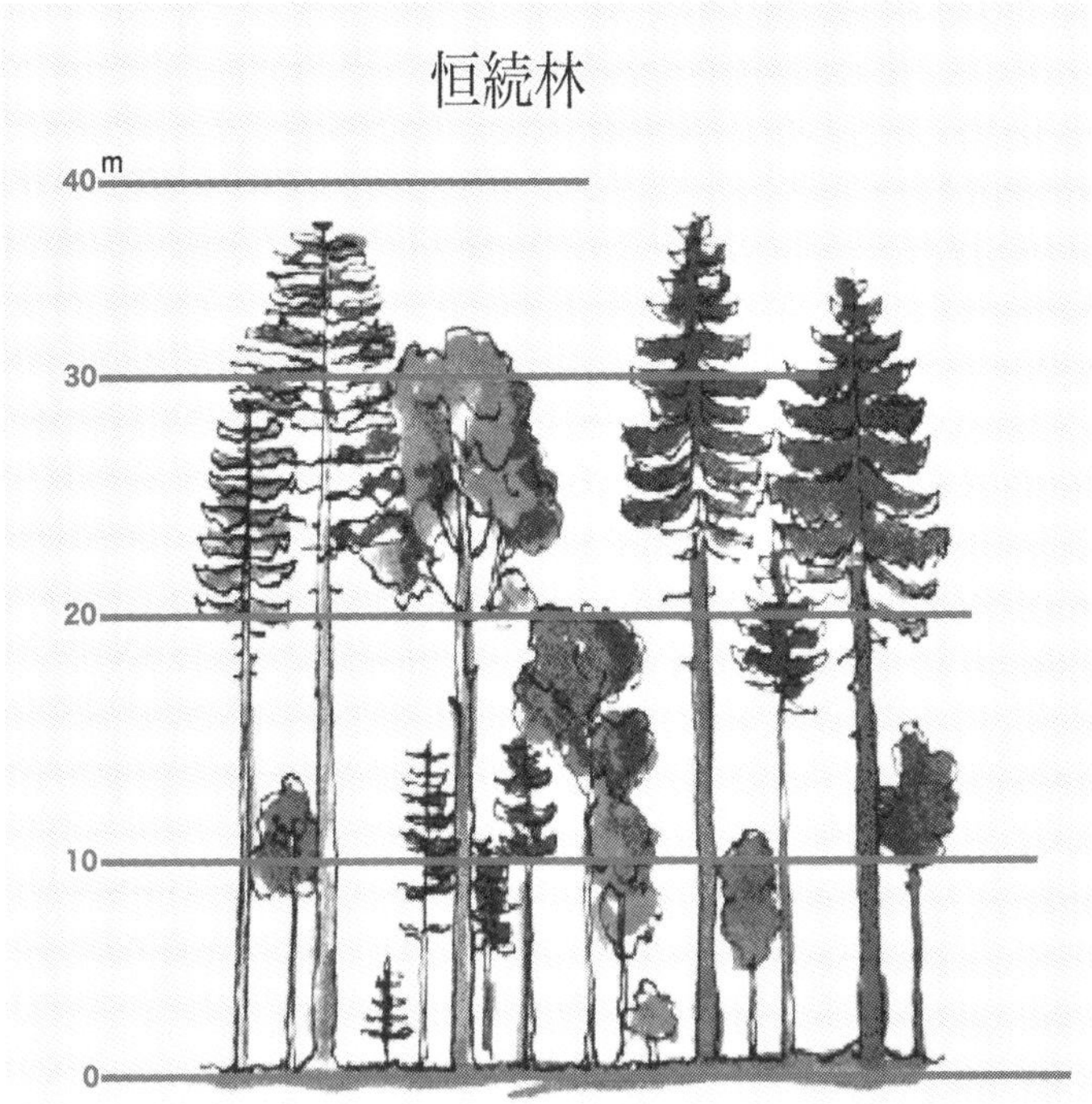

図1　異なる樹種（立地にふさわしく利用価値高い）、異なる樹齢で将来にわたり良材を収穫し続けることができる木々で構成されていて、定期的な大径木の収穫が森の手入れになる恒続林。

スイス連邦ベルン州森林局制作プレンターヴァルト（恒続林の一種）解説パンフレットより（一部、改変）

伐られた木の周囲の木々が光を得やすくなって太らせていく間伐で優勢《ゆうせい》間伐という。反対に、素性と形質が良くない木を間伐することを劣勢《れっせい》間伐というが、日本での今の間伐の主流は劣勢間伐の方だ。理由は、1つは前述のように優勢間伐は残っている木々も素性が良く高い質のものでなければ続かないので、森の構成が良い木々で占められていることが前提になるからだ。つまり、良い木々の集団になるまでの育成期間があって初めてこれができる。

また、樹木の素性形質は遺伝的性質がかなりを左右するので、そもそも良い素性の母樹から育つ木であることが重要になる。しかし、これが難しい。植林の場合、苗木の素性（親木）を徹底して管理できる事業体はまずない。個人的経営での林家では、熱心にこの苗木の選定を厳密にしている方たちはいる。

別の理由は、優勢間伐は残っている「良い」木々を傷つけては元も子もないので、伐採も搬出《はんしゅつ》（伐った木を運び出すこと）も技術と気配りがより求められる。搬出する手立てとして道がちゃんと整備されているか、あるいは搬出できる架線技術などに習熟していることも必要だ。素性形質の良い木々の集合体の森となっていて、関わる人間も高度な知識と技術を持っている、という条件がそろって初めて「収穫が手入れとなる」サイクルに入れるのだ。

現状ではスイスもすべてがそういう森になっているわけではない。多くの森ではそれをめざしている途中である。日本と同じく一斉人工林をつくってきたので、現在ではまだそこまでの素性と形質の良い木々の集団にはなっていないのだ。一斉人工林から天然下種更新での年齢も樹種も多様な森に転

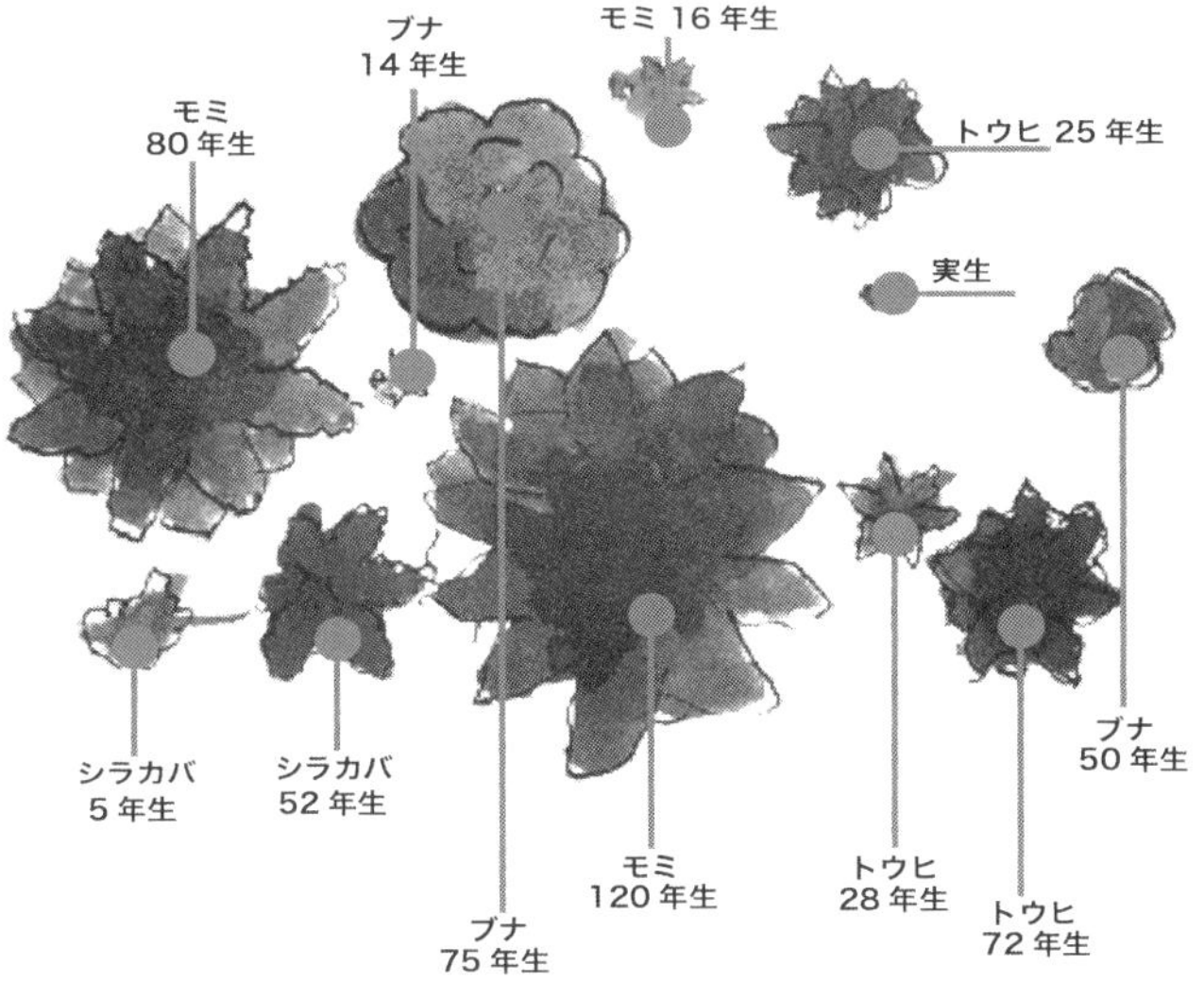

図２　恒続林には構造の多様性があり、空から見下ろすと樹形と大きさが多様でそれぞれの木々が光を受け取れると同時に、地表にも光が届き天然下種更新を促す。（出典は図１と同じ）

換している最中であり、また、急激で速い変化を避けるやり方なので、ゆっくりと時間をかけて「収穫が手入れとなる」状態に持ち込もうとしている。

また、持続可能であるために、年間の伐採量は決して森の成長量を上回ってはいけない原則である。木々の質を高め、伐採量は常に成長分以内にとどめ、そして作業にかかるコストが「収穫が手入れ」という一石二鳥ですむことで、スイス林業は安定した持続性を持つと考えている。

これをして、スイスで「恒続林」をめざしていると言われる。「恒続林」という考え方は、100年以上前にドイツの林学者アルフレート・メーラーが示しているが、現在のスイス林業現場では、メーラーの名前や彼の理論を知って恒続林施業を行っているわけではない。現在、スイスが恒続林をめざすベースになっているのは、農家が自宅の薪や用材としてずっと使うために、または定期的な現金収入のために、伐り尽くさずに森として持続させるような伐り方、再生のさせ方をしていた現場の技術に研究者や林学エンジニアが注目し、持続の鍵として研究し一般化してきているという。

2章　森の見方

1　現在——あなたは誰？

これから関わる森を前にしたとき、まずその森について知ることが第一歩。1章で触れたように、森の現在・過去・未来という3つの時間軸から見る。ロルフのように熟練のフォレスターになれば、この3つの時間軸のどこにあたる情報かは瞬時に分類されるが、そうなるまでは一つ一つ丁寧に見ていく積み重ねがトレーニングになるとされる。

まず、現在。目の前に出現してくれているのでもっとも伝えてくれる内容が多い時間軸になる。ロルフはこれを「あなたは誰？」と森に問うと言う。もちろん、森は言葉で返事はしてくれない。しかし、すべてを表してくれているので、それを読み取っていくのだ。つまり、読み取る力量（学習と経験）がものを言う。面積や地形、斜面の向き、降水量などあらかじめわかる情報は調べて、必要とあらば関係者に聞くことも大事だ。

しかし、文章化されているいかなる情報もそのまままただ鵜呑みにしてはいけない。常に、現状の関わる森の中に入り、自分の五感で観察し、生の情報を得ることが欠かせない。見るポイントは、

・どんな木々が生えているのか？　高い木も、低い木もすべて。
・木以外にはどんな植物が生えているか？　多いか少ないか？　ツルなどはどうか。
・どんな下草が生えているのか？（土壌の質を判断するのにも下草の種類は重要）
・材として売れそうな木はどれとどれで、量はどれぐらいありそうか？
・木々の年齢層はどんな構成になっているか？
・木々の姿形はどんな様子か？
・キズや病変はあるか？
・樹冠はどうか？（樹形は木々自体が本来持つ形があるが、光を受け取れているかどうかが樹冠の形に影響する）
・土壌には腐葉土がどれぐらいあるのか？
・土壌の石の含有度合いや土質はどうか？
・根の張り方はどうか？
・林内への光の入り方はどうか？
・枯れ木はあるか？　その様子は？
・風の通り道はどこか？

・森の中の乾き具合はどうか？
・動物の痕跡はあるか？

などなど、見るポイントは、自然を詳しく知っていれば知っているほど多くなり、その分多面的に森を分析できる情報が得られるのは前述した通り。

特に近自然森づくりでは土壌を光と同様に人為で森の自然を豊かにできる重要項目としている。腐葉土をいかに増やせるような森づくりをするか、が光の調整同様仕事の大事な鍵になるから、現状の腐葉土の状態をしっかり把握する。そして目に見えづらい土の中と根については、スコップで掘ってみて確認をする。長きにわたる林業においては「安定」がもっとも重視されるが、安定を支える根幹はまさしく「根」。根が土中に深く広く広がれる状態かどうか、土の状態は腐葉土の層の量だけでなく土質や石など非常に重要なチェックポイントになる。

2　過去――どこから来たの？

その森の過去を知るのにどうして「どこから？」なのかと思われるかもしれない。これも近自然の「自然に近づく森づくり」であることが背景にある。森は動物や鳥のように動きまわって移動したりはしないが、実のところは森も動いている。自然状態の森は、長い長い時間をかけてゆっくりと森の中の木々の樹種の構成が移り変わっていくのだ。これを遷移《せんい》という。気候風土や標高などでそもそもの森のメンバー（どんな植生になるか）はだいたい決まり、それによって遷移していく中でのメンバー交代もだいたい予測はされる。

もちろん、そこに人の関わり、天変地異や動物や虫の害や病気などその他の外的条件が加わって、いろんなバリエーションができてくる。それらの片鱗を目の前の森の状態から読み解くのだ。

人の関わり方がどうであったかは、現地外の情報として得られることも多い。日本ならば昔は炭焼きをしていた地域だとか、マツタケがよく採れたとか、野焼きをしていたなどなど、どんな利用のしかたをしていたかは森林所有者や地域の人の口づてや、行政組織に文書として残っている場合もあるだろう。

その森が人工林だったならば、間伐や枝打ちなどの作業がいつごろどのようにされていたのかは比較的その場で見えやすい。作業の痕跡が手がかりとして見えるからだ。しかし、人工林になる前がどういう状態だったのか？　まではどのぐらいたどれるかはケースバイケースだろう。

遷移が自然状態の森で長い時間をかけてゆっくりと構成メンバーが移りゆくのに対して、里山も人工林も、基本は人間が自分たちの必要な材・資源を繰り返し得るために森を遷移させない状態でとどまらせて維持していることになる。自然の遷移を止めるために人為の作業をしているとも言える。だから、その作業が止まったときから、森はまたゆっくりと構成を変える遷移を始め出す。

見るポイントは、
・人が関わった痕跡がどこにどのぐらいあるか？
・その関わりは継続中か、手を離れているか？

・手を離れて、あるいは最後の関わりからどのぐらい経過しているか？
・災害や病虫害などの痕跡はあるか？

などなど、とにかく森の履歴を見ていく。過去をきちんと知ることは、次の問い、未来に通じる。過去の人の関わり、あるいは災害などの変化をどう受けているかが、森の自然としての流れに大きく影響していくからだ。つまり、この先森がどういう方向に向かっていくかを予測するのに過去の影響・流れが欠かせないのだ。

3　未来と目標——どこへ行くの？

未来を考えるときにもっとも重要で、今後のその森への関わり方を決めていく問いが「もし今何もしなかったら、この森はどうなるのか？」だ。現状の観察と過去の痕跡の推測から割り出す予測が、その答えとなる。その時点では、人が森に対して何をするのかしないのか、をさしはさまず、また、予測不能な天変地異も入れない。とにかく、過去から現在へのつながり、流れから予測される「自然のままでの」将来のその森の動き、たどり着く姿を推測していくのだ。

自然に任せるとどんな姿に向かうのかが推測できたら、ここから大事なのが、人の側の目標だ。その森で何をめざしているのか？　が明確でなければならない。めざすゴールが決まっていなければ、その森に対して何をするのがいいのか、あるいはまったく何もしなくていいのかも判断できないからだ。一般の人が大勢入るレクリエーションの森にするのか、太い木を育てて木材として売る森にするのか、炭焼きを復活させるための扱いやすい10㎝ぐらいの太さの若木の森にするのか、自然保護区としてそのままにしたいのか、その目標はさまざまあるだろう。どれかが正解であるのではない。ただ、決まっていなければ手はつけられない。

なぜならば、目標に対して現状の森から未来の森への動きがどのぐらい離れているのか？　が作業の割り出しの基準になるからだ。これが近自然森づくりの大きな鍵で、自然に近づけば近づくほどコストが下げられるというポイントを実現する大事な見方になる。

つまり、めざす目標の姿が、自然の森の動きとどう重なるのか、あるいはどのぐらい離れているのかを見積もり、目標の姿に持っていくためにはどの時点でどういう作業をすることが必要かを割り出すのだ。もしそのまま自然にゆだねていても望む森の姿にたどり着けると予測できるのならば、何もしない。

たとえるならば、目標の姿と現状からの森の動きの予測の姿の2つの森のデザイン画をつくって、2つを見くらべながら、現状の森の姿を、いつ、どういう作業をすれば目標の姿に向かって森が動きだすかを割り出して何枚もの作業予定デザイン画を描きだすような感じだ。

夢は大きく、とばかりに目標を自分の希望願望だけで描くことも自由ではある。しかし、その目標が現状の森の姿が未来に動こうとしているものと大きくかけ離れているとしたら、覚悟しなければならないことがある。自然の動きから離れれば離れるほど、やるべき作業は多く、大がかりにもならざるをえないことだ。それは当然コストにはねかえる。かける経費と得られる収益のバランスは悪くなるだろう。

仮に大きな経費と手間をかけて一時的にある姿をつくれたとしても、森は止まってくれない。静かにゆっくりと、でも絶え間なく変化は続くから、その夢の姿を維持し続けるためには多大な手間と経費をかけ続けることも覚悟できるだろうか？　残念ながら、カネの切れ目が縁の切れ目、は森にも当てはまる。近自然森づくりのはずせないポイント持続可能、があやぶまれる。

だから、目標の設定は、現状の森とその向かう姿の予測から大きくはずれない方がいいのだ。とはいえ、木材生産をするための森づくりであれば、ただただ自然の流れに従うだけではいられない。それゆえ、現状の森から未来の森に向かう変化の姿の予測の中で、自分たちの望む目標を達成するためには何をどのぐらい、いつごろするのが自然に対して負荷を少なくできるか？　が具体的にもっとも考えるべき点になる。

4　目標へのたどり着き方

目標は、さまざま設定される。そして現場の森の現状と将来の姿もまたさまざまだ。これらの組み合わせの中で道程が決まるので、これまたさまざまなたどり着き方があることになる。しかし、そこには一定の筋道はある。イメージがしやすいように、ロルフがある現場で行ったワークショップの流れでその筋道を示そう。

現場は県が所有する森林公園で、管理は指定管理者に委託されている。全体の面積は４００haほどで以前はその一部が牧場として整備された。しかし、土質が悪く牧草が育ちにくく冬を越す十分な飼料がまかなえなかった。また雪の多さ、道の狭さなど管理の難しさ（経費の膨らみ）から、牧場だった部分にはスキー場がつくられた。周囲のもともと森林だったところと含めて全体を森林公園とし、キャンプ場や青少年宿泊施設などが建てられて運営されている。森の構成は広葉樹が7割を占めているが、400ha全体にモミの木が稚樹から大木まで残っている。全体が保安林に指定されている。

今回の森はそのうちの市民ボランティアが森林作業をしている2haの一角で、コナラ、ミズナラ、サクラ、ホオ、モミジなどの細い広葉樹が大勢を占めている部分。ほとんどの木が30～60年ぐらいの樹齢で、昔はそこで炭焼きがされていたので20～25年で約1haずつを伐って回転させていたもよう。年間降雨量は2400㎜ぐらいの地域で、冬の積雪は1m50㎝ほどになる。厳寒時にはマイナス18～20℃になることもある。西風が強い。

これらの事前情報を得て、先の流れで森の現在、過去と見ていき、将来の姿と目標をどうすり合わせていくかの話にうつるが、管理者の目標を尋ねると「広葉樹の紅葉が美しいのでそれを持続させることをめざしている。それと、公園の名前にもなっているモミも残す」というものだった。

将来の姿として、このまま何もしないでいるとどうなるか？　ロルフの見立ては以下のようなものだった。

「たくさんある細い木々が成長すると密林に近い狭い状態の森になる。その競争の中で勝った木は太るが、負けた木々は弱ったり枯れていく。サクラはこういう場所では生き残る可能性は低く、ここではコナラ、ミズナラ、モミが勝ち組になるだろう。ただし、今あるモミも、コナラ、ミズナラに囲まれて最後は弱っていく。モミは陰樹で光が少なくても芽が出て生き延びやすい特性があるものの、大きくなると逆に光を欲する木。だから、コナラ、ミズナラに囲まれるとモミが大きく育つ可能性は下がる。つまり、人間が腕を組んで何もしなければ、コナラ、ミズナラの優勢の森になる。

また、樹冠がびっしりうまって光が届かなくなるので林床《りんしょう》には何もない森になるだろう。ナラ類は分解の遅い葉っぱ。遅いということは養分になるのが遅いということだから、地力が落ちていくだろう」

ロルフは「この森をどうしたいのか?」を定める重要性を再度強調してからいくつかの方向を例示した。まず、将来的に優勢となると予測されたコナラ、ミズナラの森を維持したいのならば、何もしなくていい。むしろ、してはいけない。ただし、コナラ、ミズナラであっても太くしたいと望むならば、このままではいけない。

もしもっと多様性のある森にしたいのならば、絶対に放置してはいけない。理由は密林状態で光が入らなくなる森では単調化するから。

レクリエーションの森にしたいという場合も放置はダメだが、どうするか、は話が変わる。そもそも、レクリエーションの森となると人々のコンセンサスを得るのが難しい。どんな森を望むかとなると、希望は多岐にわたるものだから。原生林がいいという人もいれば、公園のまばらな木陰のような疎林を望む人もいる。目標が決められないと、何をどうすればいいいか、は決められない。目標によってやるべきことが違うことは繰り返す通り。

さて、自分はフォレスターであり、自分ならばここで林業をやりたい。同時に、自分は自然が大好きだから、自然保護もやりたい。2つの目標が出てきてしまったが、どうするか？　これは人によって考え方が違い、この2つは両立しないとする人たちもいるが、自分はできると考える立場。もちろん、場所によって非常に条件を整える必要がある場合があり、そういう場所では林業をセットにはしづらいのは事実。しかし、その他の場所では林業と多様な森の両立は可能。

この森では、コナラ、ミズナラが優勢となっていくが、決して多様な姿になるわけではない予測だった。それは、今の管理者の「広葉樹の紅葉が美しく、モミも残る」という希望の姿ではない。ではどうすればいいのか？

答えは単純だ。林内に光を入れること。答えは単純だが、その方法は単純ではない。そのやり方によって、林業としての森づくりと多様性の森づくりの両立をはかるからだ。要諦は、①育てる木を決める、②育てる木の邪魔になる木を見きわめて間伐することで林内に光が入るようにする、③複数の育てる木とその邪魔になる木の伐採の組み合わせで森の全体の光の量を増やし、かつ、林内の気象条件が大きく変わらないように注意する、という流れになる。

まず、将来的に木材として売れそうな良い木があるかどうかを見る。この育成木については次節で詳しく書くが、現状のこの森では困難が1つあった。炭焼きがされていたと過去の情報にあったように、多くが萌芽《ほうが》更新で1株から何本も放射状に伸びている木々が主流だからだ。日本の里山の定番となっているこの利用の循環スタイルは、短期的（20～25年ぐらい）に森を循環させるやり方としては素晴らしい。植える作業がいらず、動力がなかった時代に、手ノコや斧などの作業で伐採できる太さで繰り返し収穫し続けることができるからだ。省力型で材質としても燃料用としては文句がない。まさに近自然的だ。

昔と同じように、炭焼きや薪材としての利用で循環させる、というのならばこの萌芽更新で良い。しかし、もしもっと価値の高い、価格的に高く売れるような木材生産を望むならば、萌芽更新は望ましくない。

理由は2つ。1つは、切り株の縁からたくさんの芽が一斉に出るため、若木は斜めに生え、育つ。これがまずは安定性を下げ、かつ、まっすぐな材質が得られない。もう1つは、切り株の中心部から腐りやすいこと。これも安定性を下げる。つまり、もしこの森で林業的な木材生産を目標にすえるならば、新たに実生《みしょう》で育てることをロルフは勧めた。実際、林内にはさまざまな稚樹《ちじゅ》が芽生えていた。ただし、芽生えが育つかどうかは、手入れ（光の調整）しだいになる。

こういう現状――実生での稚樹をどう育てるかの経験がない日本での現場――に出合うことがこれまでも大変多かったロルフが勧めるやり方は、間伐率を変えた複数のパイロットフォレストをつくってまずは経過観察をすることだ。現状、10％、20％、30％と間伐する率を変えて、それによる林内の動きを観察する。

今ある稚樹がどのぐらいどういう風に育つのか、近くにもし母樹があればそこから落ちた実生がどのぐらいの割合で芽生え育ちうるのか、光の入り具合によってもっとも望ましい率の間伐がどれになるかを、このパイロットフォレストの経過を見て決めるのだ。

過去に経験がないやり方を取り入れるときには、いちかばちかで広い面積に実施してしまうことは、博打になる。博打はリスク分散ではない。それゆえ、このパイロットフォレストで、まずはいろいろなお試しをして、その実態をもとに今後の長期的、広い面積での方針を決定する、という流れだ。

1つのパイロットフォレストの面積は最低20アールぐらいあれば良く、ただし注意する点は、間伐率を変えるパイロットフォレストを隣接させないこと。10%、20%、30%の森を隣接して設定してしまうと、どうしても干渉する部分がありどちらの割合が良いのか悪いのかの判断がしづらくなる。あちらに10%、離して向こうに20%というように点在させることを心がける。また、1セットだけでなく、複数セットを設定する方がより望ましい。

5　育成木を決める

さて、将来の収穫のために長期間育てる育成木は、林業として売れる木であることが目標だ。当然、材として市場で求められているものが候補になる。しかし、繰り返されているように長期間にわたる林業での危険回避も同時に考えるので、単一の樹種だけを選ぶことはしない。売れる見込みの複数の樹種を育成木にしていく。現状の日本でスギ、ヒノキの人工林の中ではどうするのか？　については、6章であらためて取り上げるので、ここではロルフがスイスで実践している基本を押さえておく。

まず、選ぶための見方に順番がある。近自然学の大きな枠組みとして「理想像→目標→手段・道筋の選択」は順番を変えてはならないという鉄則があったが、同様に育成木を選ぶときは必ず木の下から、そして次の順番で見ていくことが鉄則だ。それが、

①安定性

②木の活力（元気さ）

③材の質

という順番だ。「え？　質が最後？」と驚かれるかもしれない。もちろん質は後まわし、という意味ではないが、どんなに「今」目の前で質が良さそうでも、選ぶ木は「将来」収穫するものなので、ちゃんと最後までしっかり無事に育つかどうかの条件を先に満たしている中から質を選ぶのだ。

たとえば幹が通直（まっすぐさ）で現状では活力があふれているように見えたとしても、根元に新しいキズがついていたりすれば、残念だがそれは育成木としては選べない。ついたばかりのキズゆえに現状では生き生きと元気に見えているその木も、次第に活力を失う可能性、また、キズから中に腐れが入る可能性などがあるからだ。

それゆえ、「将来」に収穫する木を選ぶという点から、もっとも先に確認しておくべきなのが①の安定性という具合だ。根張りが四方にしっかりと大地をつかんでいるか、斜めに立っていたりしないかなどの立地状態はいいか、根元にキズや腐れがないかを見る。

立地は、たとえば急な斜面近くに立っているとか、林道際にある場合も育成木としては避けた方が

賢明だ。林道に近い木は光を浴びているので太りが良く元気そうに見えるが、どうしてもキズがつきやすいからだ。

なぜ「木の下から」見ていくかということも、これで察しがつかれているかもしれない。どんなに幹が良さそうに見えても、樹冠がしっかり茂っているとしても、根元に何かしらトラブル、あるいはその可能性があれば、すべてご破算となるので、確認は下から、なのだ。

また、②の活力はたいてい①の安定性の中に含めて話される。安定性のある木は基本的に元気で活力が伴っていることが多いからだ。ここでは、一応分けて2項目にしているにすぎない。木全体からあふれてる生命力を捉える。③の材の質は、まず通直であること、キズなどがないこと、一番下につく枝の高さ、樹冠の大きさと枝の張り方で選んでいく。

6　育成木のライバルとサポーター

選木と聞けば育成木を決めることがもっとも重要だと思いたくなる。育成木の選択を間違えては何十年にもわたる労力が水泡に帰すのだから、当然だ。

しかし、それと引けをとらないぐらい重要になるのが、育成木のライバルとサポーターの見きわめだ。名称の通り、ライバルは育成木の成長を邪魔する木であり、サポーターは成長を後押ししてくれる木。だから、ライバルは伐らなければならないし、サポーターは伐ってはいけない。育成木を中心にしてその周囲の木々が、さてライバルなのかサポーターなのか、まったく正反対の役どころになるのでこの見きわめを間違うと大変だ。それゆえ、選木はこちらも慣れるまで難しい。

光をどれだけ受け取れるかが成長の大きな要素なので、育成木の樹冠を侵食するような存在がまずは最大のライバルとなる。接近して樹冠同士が、あるいは枝の一部でもこすれ合うようならば、確実にライバルだ。しかし、隣接していなくとも育成木の樹冠を覆うような、あるいは光が入ってくる方向を遮断するような立地の木々もライバルとなる。つまりは、森の斜面ではライバルとされるのは育成木より山側に位置するものが90％ぐらいになるほどに。

日本では、残す木（それを育成木とすると）に光がたくさん当たるようにするのがいいと考えるので、間伐は残す木の周囲の木々を複数伐ることが圧倒的だ。つまり周囲はみなライバルとなりやすい。

一方、近自然森づくりは育成木にとって最大のライバル以外は基本的には伐らない。森に大きな変化をさせないように注意を払うと書いてきたが、伐る本数が多くなれば変化は当然大きくなるので、育成木の周囲にあるというだけで伐ったりすることはない。

さらに、育成木の周囲にある木の中にはライバルとは正反対のサポーターとなる木があると考える。育成木の周りを単純に伐ってしまえば幹全体に光が注ぐ可能性がある。前述したように、それでは後生枝が出てしまう。だから、育成木の幹に急激に全方向からの光が注がれることを避けるシェルターとなってもらう役割を勧めてくれる木がサポーターと呼ばれる。

サポーターの役割はもちろんそれだけではない。育成木に多少の幹の傾きがあったりした場合、ライバルを伐った後の勢いや、風などの影響でよりその傾きが強まるようなことがある。その傾きの強まりを進行させないようにブロックする位置の木をサポーターとして残すこともある。雪に対しても同じ考え方ができる。そう、サポーターは育成木を育てるにあたって、その森と育成木のさまざまな条件の中でいろんな役どころを任される存在なのだ。

こう書くと、ライバルとサポーターの役どころがハッキリ「違う」から、森の中でもその違いが明確にわかるかのように思えてくる。しかし、これが難しい。ワークショップでもライバルとサポーターの見きわめはてんでんばらばらの意見になることも多い。森の現場で繰り返し繰り返し選ぶ実践（すべてがそうではあるものの）が必要だ。理屈を理解することと、実践ができることには大きな違いがあるということを毎回実感する。

育成木のために即刻伐られる運命のライバルだが、その森に再び手入れに入れるのは何年後になるかもどこまでを「今のライバル」と見なすかに影響する。5年後なのか10年後なのか、それによっても当然違いは生じる。ロルフは、基本的に10年後に再び手入れに入るようなローテーションを組むことが多いというが、可能な限り4~5年で様子を見に（ついで観察！）立ち寄るようにしているという。そのときの育成木と周囲の様子が、自分の想定した動きになっているかどうかを見る。想定している通りならば、もちろん何もしない。想定したものとはずれていれば、その原因を突き止めて対応をする。

7　下僕《げぼく》と呼ばれる大事な木々

育成木が選ばれるとその周囲にはライバル、そしてサポーターが決まってくるが、当然ながらどちらにも当てはまらない木々がたくさんある。それらは便宜上「下僕」などと呼ばれてしまうが、それは育成木を「王様の木」とたとえる流れで出てきている。別に育成木よりも下だという意味ではないのだが、少なくとも将来の収穫のために労力が注がれはしないのは確かだ。

人間に勝手に下僕と名づけられてしまう木々ではあるが、もちろん自然にムダはない。さまざまな樹木は森全体にとって多様性をもたらしてくれるし、育成木にとっても実は大事な役割を持っているとロルフは説明する。それらの木々が土壌を豊かにしてくれるからだ。

多様な木々があれば落ち葉も多様となる。土壌の中のバクテリアの種類と数はおびただしく、その多種類のバクテリアは好みの葉っぱも多様になる。多くのバクテリアの活動は、多様な葉っぱがある森の方が活発になる。すなわち、豊かな腐葉土ができる。そして腐葉土の多い豊かな土壌がある森では育成木の成長も良くなる。葉による光合成と、根から吸収する養分。この両面にアプローチすることで育成木を自然に逆らわずに太らせ、同時に森全体も活力のあるものにするのだ。

3章　ロルフのワークショップ

1　フォレスターの対応力

スイスのフォレスターであるロルフが日本に来てワークショップをやるようになって7年。主たる研修先がある場合でも、ロルフは別途日本各地の森に出かけている。文字通り北は北海道、南は沖縄まで。もちろん、日本中の森にくまなく行っているわけではないが、日本の北から南まで、その植生の多様性・種類の豊富さがスイスといかに違うかを実際に体感している。それはワークショップの現場に加えて超のつく蝶好きゆえに、プライベートでは蝶を見るためにも森に出かけるからだ。日本の一般人よりも、おそらく数多く日本の森を見ているだろう。

ワークショップが開かれる現場は、ロルフを招聘した方たちの目的――ロルフから何を学びたいか――によってそれぞれ選ばれる。だから、当然のことながら毎回状況や条件がさまざま異なる。そういう中でこの数年取材を続けて、私はロルフの対応力のすごさを年々強く感じている。

図1　ワークショップで土壌について参加者とやりとりをするロルフ。

ロルフのワークショップは、特定の技術や機械、道具の使い方などを教える限定的なものではない。まず第一に近自然森づくりというものの全体像、概要を参加者に理解してもらうこと、同時に、各現場での要請に応じた「近自然森づくり」としてのアプローチを披露して見せることを求められる。前述のように現場が毎回異なり、状況がさまざまに違う上に、そもそも植生や日本の気候風土を熟知しているのではない「外国人」なのだから、それは簡単な仕事ではない。

さらに参加者も多様だ。広い意味では森林に関わる人と言えるものの、森林組合はじめとした現場の第一線で働く林業者や研究者から森林を学ぶ高校生や森林ボランティア、自然ガイドなどの林業とは直接関わりのない人たちまで、いろいろな関心から参加してくる。

伝える内容も幅広く多岐にわたる中で、参加者も多様、そして完全にアウェーの現場、という困難な条件でありながら、ロルフのワークショップは飽きさせず（何度同行していても）、充実感が大きい。そのことに毎度感心し、どうしてだろう？と考えた。

近自然森づくりの考え方についての内容は基本だから、現場が違ってもお決まりに毎回登場し、当然その基本は繰り返しになる。しかし、伝える内容は同じであっても、その日の現場、参加者に合わせて「伝え方」が変わる。比喩のしかた、たとえの出し方、動作、そういう伝え方が違うのだ。さらにそのベースは、専門的な話であっても極力「ふつうの人にわかる言葉」が使われる。このことは大きい。

そしてワークショップの進め方は対話方式で、ロルフが一方的にレクチャーをするものではない。常に問われる参加者も、気は抜けない。しかも、常に「それはなぜ？」「どうして？」というつっこみがセットになる。いじわるではない。「理由」――なぜそれをするのか、しないのか、どうしてそう考えたのか？　常に現場の森の状況に依拠する近自然森づくりのあり方のもとでは、機械的、もしくは「決まっているから」という自動的な対応はない。常に、考えて行動するためには、「なぜ？」と問い、理由を見いだす「慣れ」がどうしても必要だからだ。

そして、現場が違い、参加者が違えば、当然ながらこのやりとりは毎回異なる。いや、正確にはパターン化している回答も結構ある。しかし、ロルフの対応はその現場、その森ごとに違うのだ。同行していて飽きないのは、結局中身が毎回違うから、ということになる。

ロルフの一連の研修ツアーのコーディネートをしている㈱総合農林の熊田洋子さんは、ロルフが常に自身を引き上げていることに強く感銘している。「ロルフは進化し続けている。それを見ると自分も、と思う」と。また、この5年間継続して招聘している岐阜県の飛騨農林事務所林業課で林務職をしている中谷和司さんは、「ロルフは決して否定しないで参加者に対応してくれる。上から目線どころか学びに来ているという姿勢が他の海外講師と違う」と林業普及指導員としての自身の仕事にも多大な影響を受けたと語る。この相手を否定しない対応については、他にも多くの林務職員が自身の経験と重ね合わせて感嘆する。人と対する基本、と言えるからだろう。

2　虚心坦懐に森を見る

・観察のしかた

「日本では初めて会ったとき、名刺の交換をよくしますね。スイスでは、あまりしません。でも、もちろん自己紹介をします。『はじめまして、ロルフ・シュトリッカーです』。森も同じです。初めての森へ行ったら、必ず自己紹介が必要です。でも、森は名刺を持っていません。どうしましょう？」

名刺を手にして、参加者に「はじめまして」と出した後、森に向かっても名刺を差し出し、ちょっとおどけて見せながら、そう始めたロルフ。このときの「あなたは誰？」の始まりは名刺だった。そうやって「森を知る重要性」と「現在、過去、未来」の3層にわたって観察とその観察をもとにした推測をするという近自然森づくりの最初のステップを始めていった。

「まず、『あなたは誰？』。現在の状況です。何が見えますか？」と参加者に尋ねると、「スギ」と1人が答える。この日の現場は雪による根曲がりが大半にあらわれている急斜面のスギ人工林だった。アーハン、と大きくうなずきながら、目をやや見開いて「これは？　これは？」とスギ林の中に散見している複数の広葉樹を指し示す。スギと一言答えたその人は（あ！）という感じであらためて「広葉樹」と加えた。

一般的に、林業現場で働いている人はスギやヒノキなどの針葉樹に特化して作業をしているせいか、広葉樹が森の中にあってもその存在が意識されないという場面をしばしば見る。「あなたは誰？」と森に問う場合、どれかだけを見るのではなく、また、目に見えていないものでもその森で今わかることを口にするようにあらためて見方が示される。

あるいは数分間時間をとって、参加者それぞれに「あなたは誰？」と1人で探す時間をとることもある。そのやり方をした別なある回で、制限時間が終わって再びロルフが話し始める段になって、突然ロルフが走りだし10mぐらいみんなから離れたことがある。参加者はもちろんのこと、スタッフも、通訳の山脇さんさえもがポカン？　となった。離れた先で、ロルフは両手を上げてピョンピョン跳びはねながら「ハロー〜‼　私はロルフでーす‼」と日本語で叫んだ。みんな笑ってしまったが、走り戻ってきたロルフはこう言った。

「みなさんはさっきこうしてましたねぇ」と。初めての人と知り合うのに、こんな離れたままであいさつをするでしょうか？　と。このとき、「あなたは誰？」と森に問う数分間、参加者はみな道端からその場に立ったまま動かずに森を眺めていたのだ。「観察する」ということが、じっとその場で「見る」というイメージになってしまうのかもしれない。動いて積極的に森の中に入り、全体、1本ずつの木の様子、土壌の感触、下草の状態などなどの「その森の現状」を間近で、つぶさに見て触って聞いて感じて、という「観察」をしに行った人はいなかった。

ロルフのユーモラスな対応で、「観察とはこれこれこうするものですよ」と言われるよりも何倍もインパクトをもって私たちは理解した。「確かに、遠巻きにして自己紹介なんてありえない」と。「ああ、見るだけじゃないんだ」と。近づき、触れ、探り、見えるもの、聞こえるもの、感じられるものを無心に探し出すというすべてが「観察する」ことだと知る。

・土壌を豊かにするには

そうやって参加者を刺激しながら、「現れているもの」をロルフが聞き出していくと、たいてい参加者の視線は上に保たれがちになる。樹冠の大きさや枝ぶりなどが語られることは多い。さらには下草の多い少ない、どんな植生かなどについては出てくる。しかしさらにその下、土壌について言及されることはがくっと少ない。

それゆえ、たいていロルフは誘導することになる。「どのような森かを見るとき、上ばかり見ていてはダメですよ」と。土壌と立地は近自然森づくりにとって非常に重要な項目だという説明が始まる。土壌は、気候と同様に人為でどうこうできない「あらかじめ決められた天与」の条件だと思いがちではないだろうか。土地の性質、すなわち地質となると石灰質だ粘土質だ砂だ、あるいは石の混ざり具合、その大小、あるいは岩盤の上に木々が立っているなど、長い年月で決まった条件が確かにある。しかし、そういう地質の上にある土壌は、その上にある動植物たちとの相互関係で長い間につくられてできあがっている。だから、土壌の性質はその森の過去と現在を物語る（もちろん地質も期間を超長期に見ればそうなのだが）。そして、人の関わり方はその森の未来をつくる。近自然森づくりはこのことをとても重視する。光の調整と同様に、土壌はゆっくりとした変化ではあるものの人為で条件をより良く変えうる鍵だからだ。

たとえば、先の広葉樹が入り込んでいるスギの人工林でのこと。土壌を見るとき、初めての森ではシャベルを持っていくように伝えているが、この現場では移動したときに車に置き忘れてしまったとシャベルが手元にない状態になった。

「問題なし。シャベルがない場合は、エックス線の目を持ってください（笑）。中を見通します！（笑）自分はエックス線の目を持っていないのでふだんシャベルを使いますが（笑）、森へシャベルなしで行くことはよくあります。それでもわかる。どうするか？　まず、何が見えるか？　これなんですか？」と参加者に尋ねた。林床にしゃがみこんで広がっている落ち葉をかきわけていく。

「落ち葉」と1人が答えると「そうですね」と落ち葉を持ち上げて、その構成を見ながらさらに土壌を手で掘っていく。

「腐っていない落ち葉ですね。針葉樹の葉っぱばかりですがよくよく見ると、広葉樹の葉っぱが混ざっています。その下は半分分解したような葉っぱ。そして、その下は枝が出てきた。指で掘るだけで茶色の土壌が出てきた。何がないか？ ここで何がない？ 出てきたものをあげてきて、ここに何が欠けているでしょうか？」

「乾燥した土」

「必要ですか？ それ？（乾燥した土は）ふつうは何があるんですか？ これ（枯葉）が分解すると？……（参加者から声が上がらないので）腐葉土がありません。手で掘っていって葉っぱが半分分解したその下はすぐに明るい茶色になりました。ミネラル分の多い土壌で、本当はその間に腐葉土が、完全に分解して黒っぽい、栄養分がたくさんある土があるんだけど、ここはないんです。これが（葉）分解すると、どんな土になりますか？」

「水が吸収しやすいふわふわした土」

「有機物が分解すると土になるんですよね。土っていうのは有機物が分解したものだということはご存知ですか？ 針葉樹の葉っぱ、広葉樹の葉っぱも枝もない黒っぽいふわふわの土ができます。それを腐葉土と言います。なんでその層が必要なんでしょうか？」

「栄養」と声があがる。

「その通り。この森を育てる、木々を育てる栄養分の元はその腐葉土から供給されています。その腐葉土が厚ければ厚いほど森のパワーは大きい。成長するパワーですね。そのパワー、パワーのある腐葉土を厚くするためには我々は何かできますか？」

「光を当てる」

「どうして？」

「分解が速くなる」

「はい、その通り。光が入ると分解が速くなるのはいろいろ理由があります。1つ目、紫外線にはいろいろなものを分解する力がある。2つ目、ここにいるバクテリアや菌類の活動が活発になる、光によって。3つ目、光が入ると下草が成長します。下草の葉っぱが、湿気を保ってくれます。あったかくて湿気の多い気象では有機分の分解は速くなります。そして、速く分解する葉っぱをこの下草は供給してくれます」

そういうやりとりの後、唐突にロルフが聞いた。

「ハスクバーナのチェーンソー使っている人はいますか？」と。へ⁇ とみんなの顔が不思議マークになる。しばし後、一人が手をあげると「一人しかいませんか？ じゃあ、スチール？」と次々にチェーンソーメーカーの名前をあげてそれを使っている人を確認する。

「どうして、スチールじゃないの？ ハスクバーナを使っているの？」と聞くと、

「支給されたから」とシンプルな答え。他のチェーンソーを使っている人にも「なぜそれを使っているの？」と聞く。みな、それぞれの好みを答える。

「みなさん、自分の好みがありますね。それはバクテリアや菌も同じなんです」と話が戻った。土壌に棲む何万だか何十万だか、数え切れない種類のバクテリアや菌類にも人間同様好みがあり、その好

みのものが提供されないと活発に働かないこと、彼らが活発に働いてくれることで腐葉土の分解は進み、厚い腐葉土層＝栄養が豊富になる、ということを説明していく。

「ここで腐葉土層を厚くしようと思ったら、（バクテリアや菌に）いろいろな食べ物を与えなければなりません。いろいろな葉っぱを落とすようにしてやれば、それぞれの葉っぱを好むバクテリアがたくさん活発になり、それぞれ分解してくれて腐葉土層を速く厚くしてくれます。それが木のための養分になります。木が太りやすくなる。これ（スギの落ち葉）。葉っぱを落としてくれたんですけど、利用できていません。分解されて初めてスギは栄養分を供給してくれます。つまり、（木の）下のこにバイオマス（落ち葉）がいっぱいあるんですけど、このバイオマスは木の循環のために自分で使えないバイオマスということになります（枯れ葉のままで腐葉土まで分解されずに終わっているから）。木の上にもいっぱいバイオマス（生きた葉）があります。本当はスギは自分の葉っぱを落としてそれが分解されて、新たな養分として使いたいんです、本当は。育ちたい」

足元にたくさん落ちているスギの枯れ葉が、何年たっても腐葉土に変わっていっていないことをあらためて確認しながら、これだけの落ち葉が腐葉土になっていないんだ、と実感する。針葉樹の葉は全般的に分解が遅いので、その分解を促進するためにも林内に分解の速い広葉樹（こちらも種類によって速い遅いがある）が土壌を豊かにするのに役立つこと、その中でスギの葉を分解するバクテリアや菌も動きだすこと、つまり、腐葉土層が厚くなるとスギが太るからスギを育てるためにも林内には広葉樹が必要だという結論に至った。

3　育成木とその周辺

・順番は下から

こうして現在を観察分析し、過去を推測し、「自然のままの」未来を予測する。自然に移りゆく森の静かな変化の未来と、フォレスターが望む森の推移が一致するならば、何もしない。これがロルフの使う常套句だが、かつて一度も「一致しますね」という場所はない。このままでは光が林内に入らなくなり、木々は太れず、下草が少なくなり、土壌は栄養が乏しくなっていく。それは自分たちフォレスターが望む森——自然度の高さと木材生産とが両立する森——ではないから、森に負担をかけないように配慮しながら望む方向へ持っていく、という話になる。森全体の自然度を壊さないように、しかし、林業者として収穫するための木を太らせ、収穫した後にも森が壊れないようにするにはどうするのか?

「安定性を増して、同時に材の質を上げるにはどうしたらいいか? 一番いいのは、質の高い木を選んで、その木の質を高いまま維持していくことです。これが育成木施業と言われるものですが、なるべく良い質の木を選んで、その成長を促すように手入れをしていくやり方です。良い木を選ぶためには、木の評価をしなければなりません。この評価は、必ず下から始めます。ちょっとこの3本を見てみましょう」とスギ林の中の一角にある3本をそれぞれ見ていく。

「まず根ばりを見ます。次に下の部分にキズや腐れがないかを見る。そして（幹に）曲がりがないかを見ていきます。頭をしだいに上へあげて幹はまっすぐかどうかを見ます。幹にキズがないかを見ます。そして一番下の枝を見ます。死に節がないか。さらに上を見て樹冠はどうか。全周にわたって一律か、かたよっているか、大きさはどうか。

これで評価の準備ができました。目的はこの付近でベストな木を見つけること。もしみんな質が良くないんだったら、ベストと言ってもそんなに質が高くないかもしれません。そのときはベターを探します」と一通りの見方を実演してみせて、その場の3本を1本ずつ評価していく。そのうちの1本は、下からぐるっと見ていくと幹の下部分にはっきりとわかるキズがあった。それ以外の条件は幹の曲がりが少なく樹冠もしっかり広がっていて比較的良いものだったが、「こういう木が育成木に選ばれることは決してありません」と明言した。もし「下を見る」が強調されていなければ、その幹の様子と枝葉の広がりのしっかり感で「いい木」と選びたくなったにちがいない。

どんなに幹と樹冠が良く見えても、木の下部分に何かしらの支障があれば決して育成木には選べないことを繰り返し話す。もちろんそれは木の下部分に限った話ではないが、「将来に向けて安定性が危ぶまれるキズや腐れ、折れ」があることが、文字通り根本に置かれることを強調した。

早々に1本目のスギが除外され、2本目のスギを見る。

「これは根ばりが山側に強くある。下にキズや腐れはない。幹は途中から谷側に折れ曲がっている。別の方向から見ると南の方に曲がっている。そんなに悪くはない。最初の枝はここ。こっち側はいいけれど、半々。製材すればいい側が取れるものではある。樹冠が谷側にかたよっている。谷側の樹冠は大きいけれど山側は小さい。もっと良い木がなければこれを選ぶかもしれない。もっと良い木があれば変えるけど、一応候補」と及第点を出した。

3本目。

「山側に根ばりが強い。キズや腐れがなく健康。曲がりが強い。上で反対側に曲がって、曲がって曲がってとなっている。ここに、節、節。樹冠は大きい。山側に発達した樹冠。この2つをくらべると、（2本目の方が）質がちょっと高そうな、自分の目からは良さげ。でも優先順位の第一は安定性。次が質。それでいくと、こちらの方（3本目）が安定した木。あんまりきれいじゃないけれど。向こうの木（2本目）はもう少しかわいらしいが、倒れてしまったら意味がない。いくら良さげでも倒れてしまったらダメ。で、この森は安定性最上位というのを絶対に守らなければならない（常に安定性が第一だが、こういう急峻な地形はことさらだから）。もう少し若いときだったらあちらの木を選ぶことが可能だったかもしれないが、あちらの木を安定した木に育てることができたかもしれない、もっと昔早い時期ならば……。自分の求める方向に、若木のときだったら持っていけたかもしれない」

フォレスターが望む環境と経済の両方を満たす森づくりは、木々が若い段階である方がずっと労力が少なくすむとロルフは毎回言う。それを表現するとき必ず使うのが、折り尺だ。スイスの森林現場で働く人は必ず携帯する折り尺だが、ロルフはこれを使って次のように言う。

「森が自然に進む方向が下（の棒）、我々が望む方向が上（の棒）。早い段階ではかける労力が小さくても望む方向に誘導しやすいですが、時間がたてばたつほど、上と下の開きが大きくなって、自分た

図2　折り尺で自然の進む方向と人が望む方向の落差を説明。手入れは早いほどいい。

ちが望む方に森を誘導するには労力もコストもかかるようになります。だから、なるべく早い段階で始めるのが望ましいです」

パッとした見た目だけで言えば、一番選ばれにくいような木が残されたのは、たまたまにせよ「いかに将来にわたって残り続けられる木か」が育成木を決める要諦であることを示すかのようだった。それだけ、根元の安定感（立地に対しても）キズや腐れの可能性を絶対に回避することが重要であることが伝えられた。

・ライバルはどこにいるか

こうして育成木が選べれば、あとはカンタン。……と思ってはいけない。育成木を将来にわたって育てる、というのは、実のところ育成木に直接手をかけてどうこうすることではない。いや、枝打ちが必要な樹種と時期ならば、直接育成木に手を入れることはあるだろう（スイスでは枝打ちをすることはないので、それもないが）。基本的には、育成木は選ばれたらそのままそこに「鎮座していただく」という扱いになる。手入れはライバル、すなわち、今後の育成木の健やかな成長を妨げる存在に注がれる。

「今、この木を育成木とすると、育成木は王様の木。その最大のライバルを探します。それは今回の手入れで絶対に伐採が必要です。最大のライバルとは、王様の木の成長を妨げている木、またはプレッシャーを与えて曲げようとしている木、そんな木です。どこに最大のライバルがいるのか？　多数決を取ります（笑）」

　育成木に対して、
①太陽の側に立っている木
②斜面の上側に立っている木
③とても接近して生えている木
　という3つの条件にある木を示して多数決をとった。太陽の側が9人、斜面の上側が2人。そしてすぐ近くに立つ木が8人という結果になった。

「一番多かったのは太陽側ですね。民主主義からいうと、これになります！」。またみんな「え？」という顔になったり、笑ったりした。

「うーん自然は人間のデモクラシーを信用しません（笑）」とロルフは訂正して正解は一番手が挙がらなかった2番の「斜面の上側」に立つ木だと告げた。

もっとも多く手の挙がった太陽側に立っている木は、確かに育成木が太陽を遮られる時間帯があるものの、太陽は定位置に止まっているものではない。しかし、育成木に対して斜面の上側に立つ木は上から覆いかぶさってきて、そして動かない。上から覆いかぶさられると、育成木はそれを嫌って谷側に逃げるようにして枝を谷側へ伸ばそうとしたり、曲がったりと上からのプレッシャーを避けようとする。同時に、プレッシャーを受け続けると樹冠は小さくなっていく。谷側に伸びることは斜めになっていくことで安定性を落としていくし、曲がることは質を下げることになる。それゆえ、急な斜面の場合90％以上が山側の木が最大のライバルとなるという。

もちろん例外はいつもあり、近いところに最大のライバルが立っていることもある。自然界では予断は禁物であることを繰り返し強調しながら、こういう急峻な山では「山側にライバルあり」の大きな傾向があることが伝えられた。

・サポーターかライバルか

ロルフのこれまでのワークショップでこのライバル探しをすると、育成木の周囲にある木をことごとくライバルとして見る見方が口にされることが多い。確かに、光や栄養を集中させることが目的で育成木とするのだから、周囲をぐるっと伐った方がいいように思える。

しかし、近自然森づくりでは2つの点でそれは避けるべきことは繰り返し出ている通り。

「森は少しずつの変化が好き。このあたりをワーッと光を入れてたくさんの日光を入れたとする、ライトショックと言いますが、光のショックを与えると光が当たったのに、2~3年間成長を止めてしまいます。今まで当たっていなかった葉っぱに光が急に当たると、葉は対応できないのです。たくさんの光を受け止められる葉に変わる必要があります。針葉樹の場合には長いと6年ぐらいかかります。その葉に切り替えるのに。光をたくさん入れると成長する代わりに死んじゃうことさえあります。よかれと思ってやることも、森の木々にとっては大きなダメージになって場合によっては枯れてしまうという結果もありえます。林業をやる我々は、森の木々を安定して太くしたい。そのためには、ほんの少しの手入れを数回に分けてやる方が安全で成功の確率が上がります」

周囲を一律に邪魔者と見なしてしまうもう1つの弊害は、ライバルどころか育成木の大事なサポート役になってくれる木がいる可能性があることだ。光が当たって後生枝が出る話はすでに出たが、もう1つ別な後生枝の意味が出た。

林内が込んで光不足を補うために葉を増やすために生じることもあるのだという。後生枝を見たら、光不足か光の急な当たりすぎか、どちらによるものかを見きわめることが肝心になる。

先ほどのケースもそうだったが、斜面では育成木の下側に生えている木が育成木が谷側に伸びるのをとどめる役割をしてくれるものもある。育成木が下側に伸びようとするのを邪魔立てすることで、谷側に育成木が傾くのをいい意味で邪魔してくれるというサポーターだ。つまり、育成木の周囲にある木々は、ライバルになるものとサポーターになるものという真逆の役割を持つ木々たちが混ざっているのだ。この見きわめも、観察と経験が必要だ。

・下僕

2章でも触れた下僕の役割。多様である方が土壌のため生態系のためにも望ましいと考えるが、それだけではない。周囲全部を伐らないのは、作業量をそれだけ少なくすることにもなるので、コスト意識が大変高いスイスでは、必要最小限の仕事（もちろんするべきことは徹底してするが、必要か不要かの峻別は厳しい）をして良い結果を出すことが求められるので、その意味でも「伐らない」選択になるのだ。

例外は、作業する際に作業者にとっての危険がある場合は、作業者の安全が絶対第一なので、「伐る」選択もある。

つまり、育成木にとって最大のライバルは絶対にすぐ伐るが、それ以外はケースバイケース、おおむね「残留」となることが多い。

4 目の前の森を生かす

この人工林では大部分のスギが根曲がりをしていた。市場での評価も低く（高く売れない）、ワークショップの主催者はこういう木々の森はどうしたらいいのか？　もロルフに聞きたいと話していた。

「最初のころ、スギが育つのはとても難しかっただろう。ここらへん（根元部分）が曲がっていますね。多少の差はありますが、この曲がっているのは雪のせいです。この地域では2～3ｍの雪が降ると聞きました。春先に暖かくなると雪が重くなっていきます。雪そのものがこの根元を曲げるというより、自然の法則で重くなった雪が谷の方に滑っていくことで苗木を流していくんです。雪が降っているときは、木を曲げることはありません。曲げるのは春先の雪が滑るとき。重い雪が谷へ向かって動いていくときに細い木を一緒に持っていってスギの苗が曲がる。みなさんには雪のズレは見えない。それぐらいゆっくりです。雪崩のようなものが起こるとは限らない。じゃ何ができるんでしょう？この曲がりを減らす手立てはあるでしょうか？」

参加者から「土を変える。斜面なので切土して」と声がかかると、「スイス人も同じことをやります。テラス状にして植えていくんです。山岳地帯のうまいやり方。階段にすると雪のズレが遅くなり、減ります。陽が当たりやすくなり速く雪が解ける。それから、夏場乾燥の強い時期でも（スイスは夏場が乾燥期）水分がそこにたまりやすくなり完全な乾燥にならず木々にとってはいい条件になります。ただし、こういう投資をするのは、安全の確保が必要な保安林だけです。スイスでは林業の目的でそのようなことをすることはありません」

でも、この材質を下げてしまう根曲がりは、テラス状に植えるのと同じような効果をもたらすために使える、とロルフは続けた。

「テラスをつくるとはどういうことかというと、この単調な斜面を複雑にするということです。勾配が一律だとズレやすくなります。たとえばこのような根（切り株）。これは、斜面の雪のズレを止めてくれます。このような大きな株があれば、雪は止まります。みなさんは多分、（木の根元ぎりぎりの）下で伐るように教育されていると思いますが、このあたりで伐る（根元から1mぐらい）。つまり、斜面に1mぐらいの株がいっぱいあるように伐っていく。もちろんいつか腐敗しますが、十数年形が残っている。そうすると雪のズレが減ります。その間、幼木は成長します。1mぐらいで切った株の下側は雪の影響を受けないから、幼木が育ちやすくなるんです。下だけでなく株の周り、雪の圧力が減ることがあります。春先、雪が解けるのを観察したことありますか？　木の周りがまず解けます。木から熱が放出されるからです。数週間の差ですが、そこで芽吹いた木は他の木よりも競争に勝つ確率が上がります。他のところは雪に埋まっている。雪のないところで成長を始めて、たった数週間ですがいい条件です。どうかみなさん、そういうのを観察してみてください。春先。5年ぐらい前に風倒木が出たような場所。倒木があったり太い木が寝ていたりする場所。そういう場所で雪の解け方ズレ方さらには若木の成長を観察してみてください。条件が厳しい場所であればあるほど、そのほんの少しの条件の差がとても有利になります。つまりこの曲がった部分は材としてはあきらめる。その代わり、それを雪を止めるために使う。この曲がったところは製材所でカットされ使いません。でも、それは森にとって、こういう厳しい条件の森にとっては非常に有効なものになります」

材として使えない、価値を下げるとされている根曲がり部分を木材としての利用ではなく、森で後続のために利用するという発想。常に森を全体として捉える視点と、その森の中で育成木という個別に光も労力も集中させる視点とがいつも瞬時に、かつ、他のさまざまな森のメンバー（ライバルやサポーターやバクテリアや菌などなど）との複雑な関係性の中で考えられている。多彩な条件の方に目を奪われると、やるべきこと、考えるべきこと、学ぶべきことに圧倒されてしまうが、裏返せばシンプルとも言える。

「どうしたら目の前の森、その中の育成木をより豊かに太らせることができるか?」

森がさまざまでも、その中の木々がなんであっても、ロルフのスタンスはこの一点に向かって全思考を動かすことに尽きる。

4章　環境と経済が両立する仕組み

1　4つのポイント

現場のフォレスターが環境と経済のバランスをとる要となっているスイス。この章では、森林が多彩な機能を発揮できるようにどのような仕組みがあり、担当者にどんな役割を持たせているのかを大まかにつかんでみたい。

私が注目しているのは次の4点になる。1つ目は、森林が環境と経済の両方でより良く維持されるための枠組みが明確に整理されている点。

2つ目が制度政策が森林に関する法律だけで動かされているのではない点。また、強い地方分権と住民自治があるゆえだが、大枠の理念的な法律や制度は連邦で決められていても、各地の特性に応じて州ごと、自治体ごとでより具体的に現実に即した法律や制度政策になっていることも大きい。というっても、そもそも直接民主制で強い住民自治を持つスイスでは、すべからく自分たちのもっとも身近な自治体での法律や制度が最優先される。そこで運用されていることがもっと広い範囲での決め事になる必要があるとなったときに、州やさらに連邦に広がっていく、というような流れになるので、日本の、国から下に降りてくるのとは反対の流れになるのだ。これはなかなか理解、いや、想像しづらい部分だが。

3つ目は、1章でも少し触れたが教育システム。この地域ごとの自然や人々の暮らしに深く根ざしながら、求める森林の実際の扱いに対してそれぞれ役割が明確になっているポストに、しっかりとした教育を終えた人が配置されること。その要に現場フォレスターがいるが、フォレスターだけではない。次章で後述するがスイスの大きな特徴として徹底した現場重視が貫かれているので、実践的で現実的な「使える」教育体制であることが大きなポイントにある。

そして4つ目が、こういう重層的な扱いでつくられたり守られたりする森林に対して、多くの市民が評価すること。評価といっても、いわゆる優劣をつけるとか点数をつけるという意味ではない。市民が森林に親しみ、日常的に触れ、さまざまな意見や思いを持っていることをここでは「評価」とした。森林に対するこういう親和性、それも森に出かけずにイメージとして「森の良さ」をあげるのではなく、日常的に森に出かけ、入る頻度の多さは、森林を評価しているゆえん、という見方だ。多くの市民が頻繁に森に入ることで森の環境に過剰な負荷がかかるかもしれないが、人々の森林へのさまざまなアクセスは良好な維持にプラスに働く面の方が多いと私は思う。「知らない、関心がない」がもっとも森を危うくすると考えているからだ。

2　森林管理と森林経営

1つ目の明確な枠組みについては、スイスに関する研究が長い森林社会資源学が専門の筑波大学の志賀和人さんに話を聞いて整理を試みた。志賀さんによると、スイスでは図1①のように森林管理のもとに森林経営がある。まずもって、現場フォレスターは自分が雇用され任されている森林の経営責任者だが、同時に州との森林管理区契約により自分の担当する森林管理区の環境的、公益的な機能の発揮にも責任がある。これは歴史的に森林の乱伐による災害の頻発からむやみな伐採を取り締まる森林警察に端を発したフォレスターの始まりにさかのぼる特性と言える。

そして、本来森林経営は「森林所有者の責任」と州の森林法で明言されている。それが、フォレスターを経営責任者とする形になっていくのは、森林経営は後述するように保続的経営[*]の維持に高い専門性が求められるものだからだ。きちんと教育を受け、経験を積んだ人に委託した方がみんなのため、というような流れと言ったらいいだろうか。また、その土台にスイスでは昔からのゲマインデ（市町村）単位の住人所有の森林が面積的には中心にあるという特性がある。だから、そのゲマインデの住民のみんなでフォレスターを雇用してその集合面積を任せる、という形が多くある。ロルフも村の小規模の所有者たちの集合面積を任されている形だ。

しかし、明確に「所有者が誰で、どこの森林で、範囲はどこからどこまでで継続的に任されている」ということは管理と経営をするにあたって決定的に大きなポイントだ。スイスでは森林経営というのは、一般の企業がそうであるように、毎年毎年安定して事業（主に伐採）収入を得る体制をとれている状態に対して使用される言葉なのだ。森林経営の中には木材生産だけでなく空間利用によるものや、狩猟によるものや、木材生産以外の収入事業も含まれている。しかし、主流は木材生産によっている。そして、当然と言えば当然だが、それができるのは明確に「ここからここまで」という経営面積があるからだ。それによって、さまざまな工夫や努力が積み重ねられてより良いやり方を模索できる。そういう総合的な経営の立場に現場フォレスターはいる。

林業経営が森林経営の中におさまっている部分とおさまらない部分とがあるのは、スイスではたとえば素材生産業などの事業体は森林経営体には含まれないからだ。そういう事業体は、木材生産としての林業経営はしているが、森林経営体という位置づけには置かれないのが特徴だ。他にも、農家が自宅用の薪を自力で生産したり、10年に1度ぐらい伐採した木材を販売している、などのときどきの収入というのでは「森林経営」とはカウントしない仕組みになっている。それが、①の図の森林経営の中に含まれない形での林業経営、というでっぱりができる理由だ。

①の図のような枠組みはスイスだけでなく、基本的にはドイツやオーストリアなどドイツ語圏では共有されている概念だという。

一方、志賀さんによると、日本は図1の②のように林業経営のもとに、森林経営があり、その森林経営の発揮のもとに森林管理がある、という構造になっているという。これが、「林業をちゃんとやっていれば公益的機能の発揮がなる」という大前提になっている。確かにちゃんと手入れのされた人工林は多面的な機能を発揮してくれる部分はある。しかし、人工林ではどうしても及ばない機能があることは、すでにさまざまな研究で指摘されている。そのため、今では図1の③のような提案をする研究者もいる。林業経営のもとに、人工林では森林経営を、森林経営を中核にしない森林では森林管理を、という棲み分けだ。

ただ、どちらにしても日本では、人工林以外の森林をどのように管理すれば公益的機能のどの部分

図1　①スイスおよびドイツ語圏の概念。②、③日本の場合。

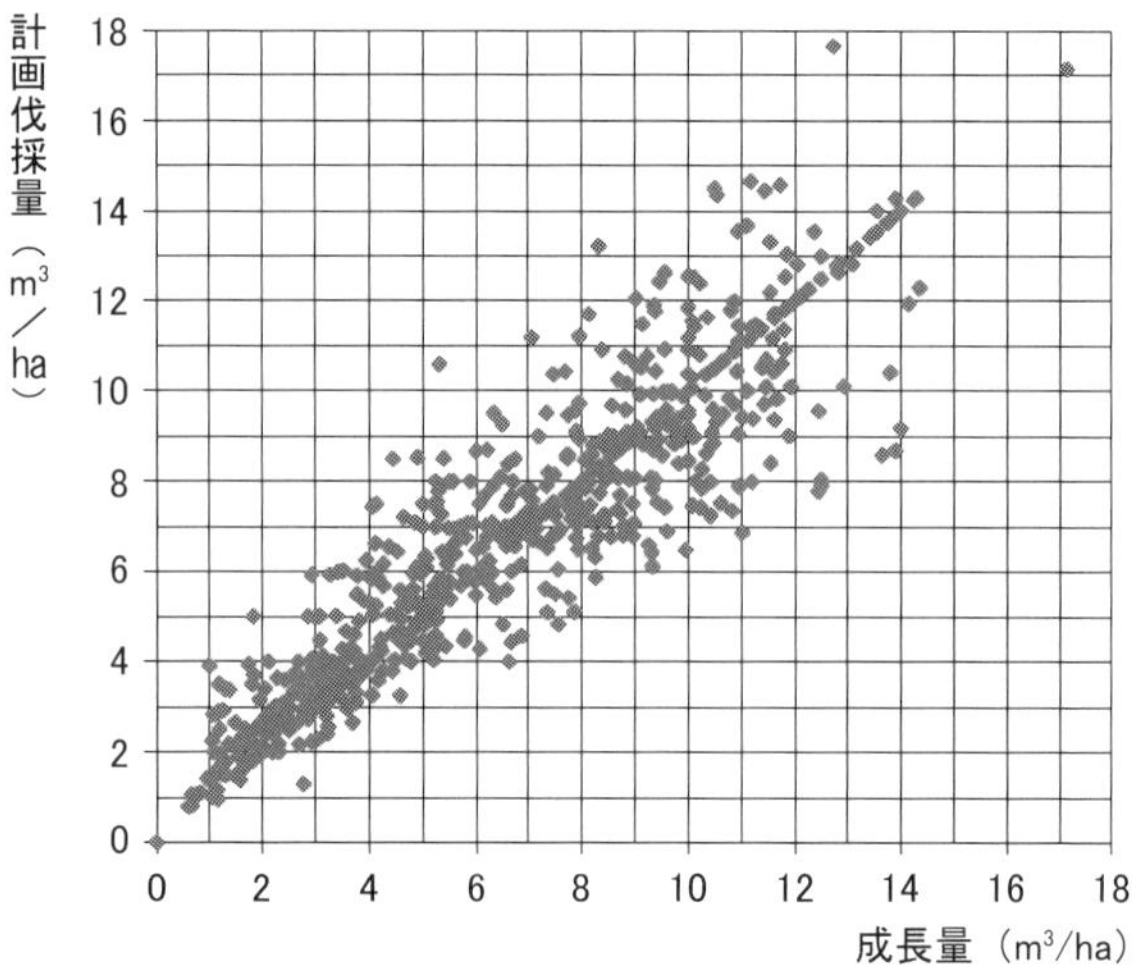

図２　スイスの森林経営の ha 当たり成長量と計画伐採量（2000 年）
志賀和人編著『森林管理制度論』より転載

をより発揮させうるのか、についてはこれから明確になっていく部分になる。

＊「保続」とは、木材の永続的な収穫をさす。これに対し「持続」は自然環境や社会環境も包含している。

3　木の成長量分で木材生産

ロルフは木々の成長量をできるだけ大きくすることが、スイスフォレスターの腕の見せどころの一つと言う。その見せどころの腕は、森の木々の成長力を高めるだけでなく、育った成長量分をきっちり使うことにもふるわれている。ロルフはよく「銀行預金の元本と利子」のたとえで説明していた。現状の森林を元本とすると、それぞれの木々の成長量は利子。その利子を引き出す分には元本は減らずにずっと預金を引き出せる、というように。しかし、成長量を大きくすることは木そのものの活力を上げることにつながるので、元本も大きくできて、それも森にも人にもプラスという近自然の両立と一致するというような話。

大事なのは、利子＝成長量分のみを引き出すことと、その成長量は現実の森林の現況から出されているちゃんとしたデータをもとに割り出されている点だ。

この成長量と伐採量の収支は、現場を持つフォレスターの管轄するそれぞれの森林で個々に合わせられている。各々の経営森林ごとに各フォレスターが収支バランスをとるように多岐にわたって働く。そういう経営体の総和でスイス全体の森林の収支がだいたい一致するようになっている。机上の、それも昔の数値からの推測で出された目標だけが一人歩きするようなことはない。

それゆえ、実態に即した森林の蓄積量が把握され、その蓄積に見合う生産量を保続的に継続していけていることを表すのが図2だ。志賀さんは、日本では地域や経営単位で、森林資源の保続と生産のバランスを確保する仕組みが明確にされていない中で、国や、国から降りてきた数字を目標とする都道府県の生産増強の数字だけが掲げられている現状は危険だと指摘している。

4　森林をめぐる法律

森林管理と森林経営のバランスを託された現場フォレスターが、地域にずっと継続して関わることで環境と経済のバランスがとれるのだと私は思ってきていた。しかし、さらにそのバランスの基盤に法律がさまざまに森林の扱いを位置づけてきたことを志賀さんに指摘された。

１９０２年に連邦森林警察法が定められて維持されてきた中で、９１年にスイス連邦森林法が成立した。土地利用や環境管理と施業経営管理の統合がなされ、それまでの森林警察法の継承をしながらも現代的な課題に対応するよう制度を発展させるものだった。第１条に目的が規定されている。それは、

a森林の面積と地理的分布を維持し
b森林を自然に近い生物共同体として保護し
c森林機能、特にその保全機能、厚生機能、利用機能（森林機能）の実現に配慮し
d林業を助成し、維持する。

となっている。これをより具体的な表に示されたものが図３だ。

志賀さんは、「日本も、究極の目的は森林の多面的機能の発揮、という話になっているんですね。それを林業の活性化でやるんだよ、という今の枠組みで、それは基本法林政と言われる枠組みです。スイスのこの表でくらべると目的は同じようなこと言っているわけです。この１条の目的規定は、森林の多面的機能を発揮しましょうという話だと思うんです。その中の一部に林業を助成し維持するのも入りますよ、と。それで右側のところの森林の保育と利用というところは、経営を近自然的、保続的にやって、施業規制もかけますよということを言っているわけですね。ところが、左側の方もあるわけです。転用の禁止と森林の距離とか近親性の話。だからスイスはいわば２つのエンジンがあると

目的規定（第１条）

a. 森林の面積と地理的分布を維持し、
b. 森林を自然に近い生物共同体として保護し、
c. 森林機能、特にその保全機能、厚生機能、利用機能（森林機能）の実現に配慮し、
d. 林業を助成し、維持する。

干渉からの森林保護（土地利用・環境管理）	
森林保全	・転用禁止と例外許可 ・森林確定
災害防止・景観保全	・森林との距離 ・原則、所管と近自然工法
森林の近親性	・立入と通行に関する規定
多面的機能の実現	・森林整備計画 ・助成措置

森林の保育と利用（林業的施業管理）	
経営原則	・近自然性・保続性の確保
施業規制	・保育・収穫の放棄（生態・景観的理由） ・森林保護区の設定 ・保全機能維持と最小限の保育実施 ・皆伐禁止と伐採許可制 ・未立木地の再造林義務
公共的森林	・売却・分割の許可制、森林施業計画

罰　則

森林行政組織の任務	森林所有者

資料：Bundesgesetz über den Wald vom 4. Oktober 1991.
注：アンダーラインは、1902 年連邦森林警察法にある項目、網掛けは林業的管理に関する領域を示す。

図３　1991 年スイス連邦森林法の体系

志賀和人編著『森林管理制度論』より転載

いうのか、2つ両輪になっている。で、左の方は日本の森林法の中に、一部はあるものもあるけれど、ない部分だと思うんです。だから、（日本は）林業振興という1つのエンジンですべてやる形になっていると言えると思うんです」と解説してくれた。

また、これが非常にシンプルで良い点として、基本は林地転用と皆伐が禁止され、州と森林管理署が所有形態や制限林の種類を問わず一元的に転用の例外許可や伐採許可を現地の森林に即して実施し、行政業務の削減と一元化につながっていると指摘する。日本は、1ha以上の林地開発は許可制ではあるけれど、基本は許可しなければならずどんどん森林が転用されていく。しかし、スイスは原則が禁止で、例外のみ許可し、しかも許可したものにも代替地が必要（他のところを森林にするなど）とか税金をかけて開発利益を吸収するなどして森林をしっかり保全しているという。

「まあ、森林が国土の30％しかないスイスと、それも昔は10％ぐらいだったのを30％にした国と、70％近い日本とではそういうところの違いだと言ってしまえばそうなんですけど」と言いながら、この連邦森林法が連邦の環境法（自然郷土保護法、空間計画法、環境保護法などなどさまざまな他の環境法を含むが、それぞれ個別のニーズで成立してきている）と連携、結合するように組み替えられてきていることを指摘する。それにより1980年以降、森林の扱いは山村・産業振興的呪縛から解放され、空間整備・環境政策との結合を強めたという。

これがどういう変化をもたらしたかというと、森林政策の立案や予算編成のプロセスに自然郷土保護団体と住民の影響力が増大することになった。それは、森林を木材生産の場と特化してきた林業

（スイスもドイツ林業の影響で一斉の人工林を大面積でつくった経緯があり、そこでは木材生産が今よりずっと中心に置かれていた）にとってはうるさく面倒なことだったのではないかと推察される。しかし、業界が嫌がっても、変化はなされた。現在もはや常識となっている「環境と木材生産（経済）の両立」の枠組みがそういう流れでできていたのだ。

たとえば、図4のように、森林・林業行政と自然景観保護行政のそれぞれが重点にしている領域と、互いの中間に位置する領域が明確に分類されている。これにより「中間領域を森林・林業行政に取り込み、地域の自然景観と森林生態系の保全対策が有効に機能し、土地利用・環境管理側面における新たな政策手法の開発が進展した」（『森林管理制度論』日本林業調査会　志賀和人編著）という。

具体的な例で言えば、建築物と周囲の森林との間には木が万が一倒れたときに建物を壊さないように、建物と木々の間には木の高さ分の間隔をあけることが現在ではゆとりある空間形成に役立っているとか、網の目のように張り巡らされる市民が森へ入りやすくなるための道づくり（森林へのアクセス権）などがつくられていく根底に、森林法と他の法律との有機的な連携があるのだった。

それを聞いて思い出したのは、2016年の広島は甲奴《こうぬ》のワークショップで、道路の上の斜面に位置する森林の扱いについてロルフが言ったセリフだ。斜面の木々は光を求めて道路に向かうように斜めに生えがちで、所有者が全面的に負担をして整備をするのは非常に手間と経費のかかる場所だった。ロルフは、ここを所有者が自分の負担で整備しなければならないのか？　と尋ね、そうだと主催者が答えると、「それは人にも森にも大変厳しい法律ですね」と言った。スイスでは、こういう一般道路

森林・林業行政	中間領域	自然景観保護行政
一般的森林確定	特別な立地の森林確定	種の保護
森林のアクセス	林地転用の許認可・現物補充	森林地域以外のビオトープ保護
林道における自動車交通	森林との間隔確保，例外的強制収用	保護価値のある対象物の取得
開発補償	なだれ，地すべり，侵食，落石地帯の保護	植物採集と動物捕獲の許可
保育による保護機能の保全	裸地の再造林，皆伐禁止の例外許可	外国産の動植物の移植許可
伐採許可	森林内の河川工事	連邦自然郷土保護委員会の判定
林地の売却・分割の許可	野生動物生息数の管理	湿原保護
森林保全・自然災害防止と収用	森林保護区，植物保護職	湿原景観保護
森林被害，有害動植物の予防・除去	環境に有害な物質	森林地以外のビオトープの保存
林業種苗	計画規程と経営規程	補助金の交付
森林調査・森林現況に関する情報	プロジェクト	自然景観保護の管轄カントン行政組織
教育・研究	苦情の申し立て権	刑事訴追
補助金の交付	課題の団体への委託，調査実施	
林務組織	森林地内の湿原保護，湿原景観保護	
法的手段，環境森林景観庁	森林地内のビオトープの保護・保存	
刑事訴追	生態的均衡，絶滅した種の再移植	

資料：BUWAL (1993) Zum Verhältnis zwischen Forstwirtschaft und Natur- und Landschaftsschutz, S.29.

図 4　森林・林業行政と自然景観保護行政の重点領域と中間領域の行政任務の例示

志賀和人編著『森林管理制度論』より転載

に密接な森林は、所有者の責任ではなく公的な扱いがされるという。

そういう背景は、森林の扱いをさまざまな法律と連携させて対応するようになったことで可能になっていることをあらためて知った。

一方日本では、環境管理に対して公共政策が欠落したまま、いまだに林業の政策で森林の多面的な機能の発揮をさせようとしていることに無理があると言い、「日本の森林・林業政策は、林業的施業管理の領域から一歩も踏み出せていない」として、現状では一部の経営体を除けばスイスのような森林管理も森林経営も日本にはないと志賀さんは言う。

考えてみれば、地域に根ざした森林の扱い、木材資源だけの観点ではなく景観や空間、観光としての資源、などさまざまな扱いとの整合性をとる法体系が根底にあることにより私たちは法を根拠として動ける。かつ、それぞれの役割がグレーの中間領域の扱いに至るまで明確にされていることで関わる人は動きやすくなる。何よりも、「ここからここまでで管理、経営する」という枠組みが明確でないのでは、成長量だ、収支だ、経営改善だと要求されることは、何を基準にどう取り組むべきか雲をつかむような話になってくる。

法律や制度政策の話は現場や業界の関係者だけでどうこうできるものではない。森林現場の実際に即しながら、関連する法律や制度政策が有機的に実効性を持つスイス。その成立には広く市民が関わる背景が日本と大きく異なるが、環境と経済が両立する森のあり方は、そういう厚みの上に成り立っている。

5章　森の仕事と教育

1　それぞれの役割

まず、森林に関わる仕事の全体像は図1のような構造になっている。これも何度も言及しているが、スイスと日本と大きく違うのはこれらの仕事はみなそれぞれに必要な教育を受けて専門的な職種としての資格を得てなる点だ。教育と聞くと日本では学校で、主に教室内での机に向かう知識教育しか思い浮かばないが、スイスの教育は現場実践型が貫かれている。それは森の仕事の皮切りとなる作業員教育の徹底ぶりから始まる。

①森林作業員

現場フォレスターの指示に従って実際の森林現場のさまざまな作業をする人たち。森林作業員になるには次のような教育を経なければならない。

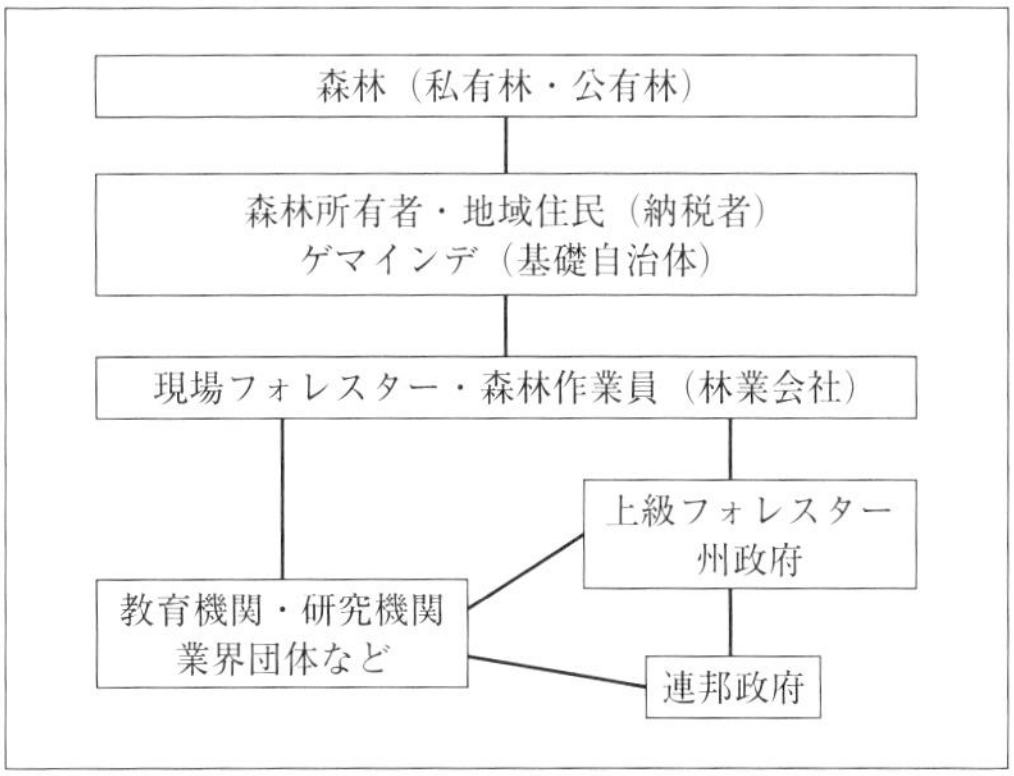

図１　スイス林業に関わる人々と機関

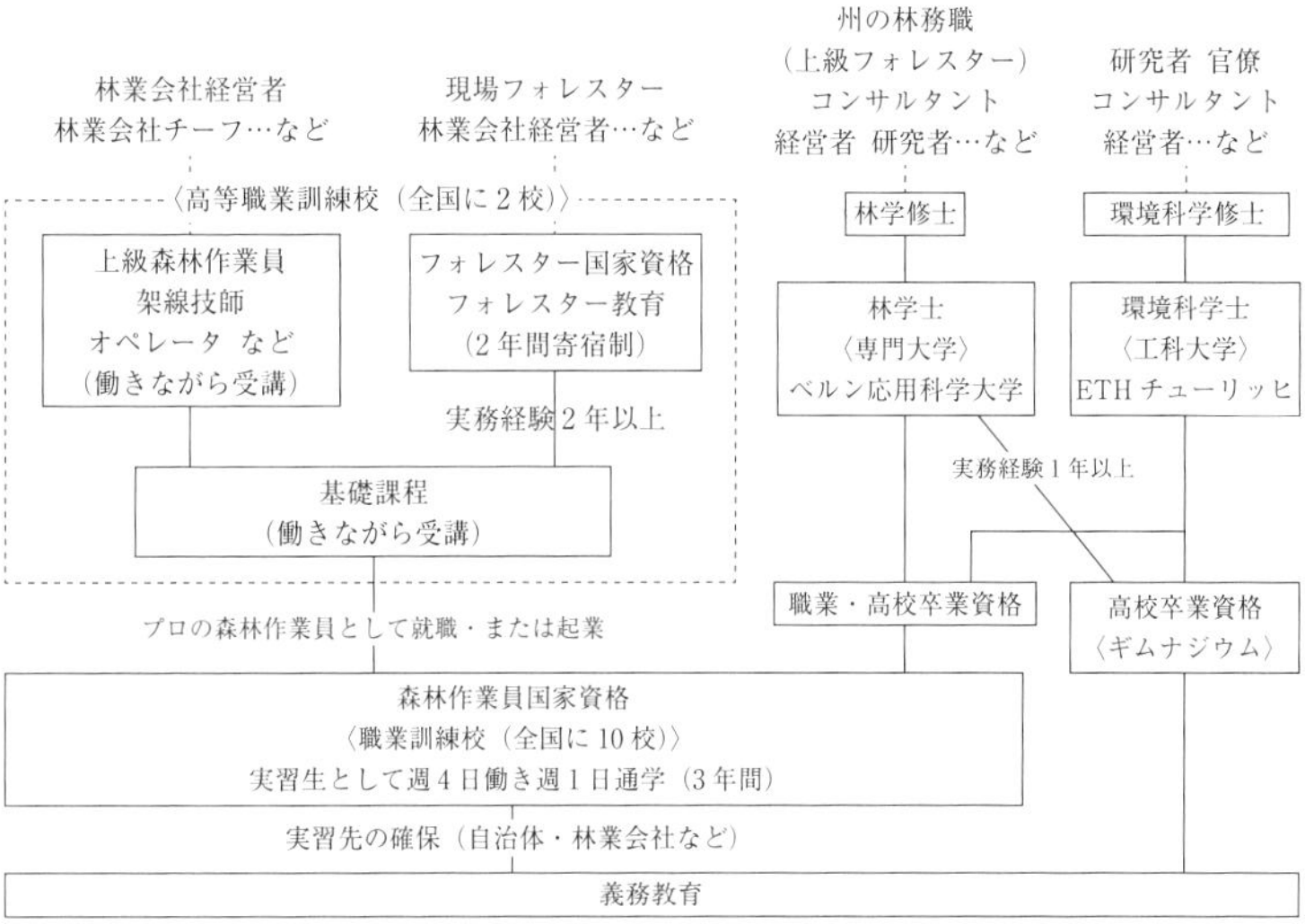

図２　スイス林業の人材育成システム（出典：ともに近自然森づくり研究会）

中学を卒業して高校レベルの3年間を週に4日は職場での現場教育、週に1日職業訓練学校に通学して外国語や体育などの一般的な科目と、森林林業の専門知識の科目を受ける、というのが基本スタイル。実際の職場で見習い教育と学校での教育を同時並行に行うやり方で、デュアルシステム（複線型）という。日本は教育を終えて職場に入ることが一般的で単線型と言われる。

週に4日の職場での「教育」は、3年間で一人前の森林作業員に必要な技能と知識を実践を通して身につけられるようにカリキュラムがしっかりある。チェーンソーをはじめ機械類の習得は、数日から数週間の集中集合研修が組まれ各地に散らばっている同じ森林作業員教育を受けている人たちが集まる機会にもなっている。

現場での実践型の教育では、職場に教育カリキュラム（教え方や心理学、労務関連など）のコースを修めた人（上級森林作業員〈次項〉になるときに含まれているコース）が最低1人はいることが求められている。また、これも日本と大きく違う特性は、履修型ではなく習得型である点だ。

先生が「こうやるんですよ」と教えたら、極端な話生徒ができていてもいなくても「教えた」ということになるのが履修型。日本のスタイルだ。一方の習得型は、学んだことが身についているかどうかが判断基準なので、先生が「できるようになった」と認めないと（あるいは試験に合格しないと）修了とならない。3年間のコースが終わったら、一人前の森林作業員としての国家資格を手にすることになるが、それは3年間で身につけるべき70項目にわたる（2013年取材時）技能や知識が習得されている、つまり1人でそれらができるという確認をもらって受け取れる。学校ではあくまでもトレーニング、あるいは体験どまりで本格的に実践を身につけていくのは職場に入ってから、という慣習である日本と大きく異なっている。

週に1回の職業訓練学校の講師は現役の現場フォレスターあるいは上級森林作業員が務めているのが一般的で、その点でも常にリアルタイムで林業現場の実情が反映できるようになっている。森で育成木やライバル木を決めて、森林管理の経営方針を打ち出すのは現場フォレスターだが、一律的で機械的な伐採や単調な作業に終始することがなく、環境配慮を前提とした林業が可能になるのは、このしっかりとした森林作業員教育があるからだ。

ちなみに、この高校段階にあたる3年間の現場中心で実務を身につけて一人前の仕事人になるプロセスは、レーレという見習い訓練制度としてスイスではほとんどの職種で展開されている。日本では高校、大学、専門学校への進学が主流になっているのとは異なり、現在でもまだ7割近くがレーレ、もしくはそれに準じる職業系の教育訓練に進むという特性をスイスは持っている。

②上級森林作業員

森林作業員をしながらステップアップの講習を受けて資格を取得する現場監督的な役割をする作業員。現場監督や見習い森林作業員教育の責任者ともなる。資格を取るためには高等職業訓練校（リース校またはマイエンフェルト校）で決められたモジュール（科目とかコースという意味）を複数受講して習得したという証明を受けて資格を得る。内容やモジュール数などは、リアルタイムの林業に対応するためしばしば変更される。

森林作業員教育が徹底した現場での実践型教育であるメリットは卒業後すぐにプロとして動ける点だが、どうしても広範な森林をめぐる基本的知識を学ぶ時間は不足する。森林作業員教育でも土壌や気象、生態系や狩猟、保護、安全や労務など一通りを網羅するカリキュラムになっているものの、浅く広くしかできないと言われている。上級森林作業員は、ゆえにそれら森林に関する知識をさらに深め、広げながら現場の統括者としての技能を身につける。

なお、年限が決められた上級森林作業員コースというものがあるのではなく、森林作業員になった人たちに豊富な研修モジュールが提供されていて、そういう多数のモジュールの中で、これとこれとこれを全部習得すると上級森林作業員の資格を取れる、というような流れになっている。最短で2年間で取れることになっているが、働きながら学ぶ形なので、たいていはもっと時間をかけて上級森林作業員になる人が多いという。自分が必要だと思う内容を多様に勉強してステップアップすることができるという見方もできる。

③現場フォレスター

森林作業員として最低2年間の実務についていることと、高等職業訓練校のフォレスターコース入学資格となるモジュールを習得した上で入学を認められる2年間の全日制の学校で得る資格。ロルフの立場はこれ。働きながら学ぶ研修とは違い、一度職を離れてフルタイムの学生にならなければならないので、その分でもハードルが高いと言われる。

森林経営（林業）は各森林所有者がすることがスイスの森林法に定められているが、実質的には森林管理と経営の専門家としてフォレスターが全面的にサポートをする体制となっている。その中での現場の統括責任者となり、林業現場にとどまらず、あらゆる森林でどの木を伐るか伐らないかの判断をするのは現場フォレスター（所有者がそれに同意しなければ伐採はされないが、所有者が勝手に伐採することはできない。ただし太さや用途、年間の伐採量によって所有者が自由に伐れるものあり）の役目。

日本が、森林、木と一口に言っても管轄が林野庁とか環境省とか国交省などの行政によって担当が分割されているのと対照的に、森林ならば必ず現場フォレスターが関与するという点は、とても大きな違いだと私は思う。森林という自然に対する一貫性がそこで保たれるという利点を感じる。

現場フォレスターは自分が雇用されている市町村などの森林の管理を任され（私有林を含め数百から1000ha程度）、経営に関しては具体的な施業案をつくり（森林所有者との折衝重要）、所有者の了解を得てそれを森林作業員に実施させるというのが基本的な形。現場フォレスターが自ら林業事業所を経営して森林作業員を直に雇用している場合もあれば、ロルフのように現場フォレスターとしての立場だけで仕事をして、必要な作業は外部の林業事業体に発注するというタイプなどいろいろなあり方がある。

森林作業員教育を経て現場フォレスターになっているので、森林作業員と現場フォレスターは共通の土台に立ったやりとりができるというのも大変大きな利点だとうつる。立場的には現場フォレスターが森林作業員に指示を出すが、作業の理由や目的が常に語られる。森林作業員教育の中で、指示が理解できなかったり、説明がされなかったりした場合には必ず質問して理解するように教育されるので、一方的で意味不明な作業をしないようになっているからだ。

現場フォレスターは自分が管理する森林の現場責任者として所有者、作業者、そしてその森林に入ってくる一般市民それぞれの安全と利害を調整しながら、より良い森づくりをすると同時に、出てくる木材の有効活用に向けての仕事も担う。どの製材所に製材を依頼すればいい材に挽いてもらえるか、うまく製材された良い製材品をどういう買い手にまわすか、なども現場フォレスターが采配できなければならない。その意味で、「川上から川下まで」一元管理できるので無駄を省けたり、交渉力を自ら持てたりなどの利点がある。

裏返せば、多岐にわたる職能を果たさなければならないことと、それらはすべて交渉力＝コミュニケーション能力を求められるということが業界で強く認識されている。そのため、高等職業訓練校のフォレスター養成コースではコミュニケーション能力を高める訓練が多くなってきているという（2年間で100時間）。

近自然森づくりを日本に紹介してきた㈱総合農林の代表取締役、佐藤浩行さんは、現場フォレスターを「オーケストラの指揮者」のようなものとたとえる。オーケストラの指揮者は自身も何かしら1つの楽器を経験していることが多く、その上でさまざまな楽器をまとめて作曲家の音楽を自身のイメージで奏でるようにタクトを振る彼らは、専門家（スペシャリスト）ではおさまらずユニバーサリスト（万能家）であることを求められるという。スイスでは現場フォレスターに、森のユニバーサリストたることを求めるようになっているという。これらの仕事の幅広さを眺めたとき、それはとても腑に落ちる。

④上級フォレスター（州フォレスター、林学エンジニア）

一定規模（数百～1000ha程度）の森林にそれぞれ現場フォレスターがいるが（ロルフのように村の森林を管理したり、州や組合が所有したりしている森林を管理したりなど形態はさまざま）、複数の現場フォレスターが受け持つまとまった一定の面積（1万ha程度）に対して、さらにそれを束ねる州のフォレスターがいる。その地域の地域森林計画を立案し、実行するのが主たる任務だ。こちらを上級フォレスターと呼ぶが、現場フォレスターが徹底した現場中心で学び実践する道筋なのに対して、上級フォレスターは主にギムナジウムという進学専門の高等教育を経て専門大学で林学を修めた人たちがなる率が高い。肩書きとしては、州フォレスターとか林学エンジニアと呼ばれることもあり、立場としては州が雇用する林務の行政マンだ。

前著（『スイス式［森のひと］の育て方』）の中では、わかりやすく言えば現場中心のフォレスターと、そのバックアップとなるような研究を主にするフォレスターという書き方をした。しかし、それは理解がまだ足りなかったことがわかった。上級フォレスターの役割は、研究そのものではない。研究には別途研究者がいるのだった。

上級フォレスターは、現場だけでは解決できない課題を解決する役割と、州や連邦が示す政策や方向性を地域森林計画という形で現場フォレスターに示す役割を持つ。自身が研究するのではなく、解決や伝達に必要な研究や政策、手立てを見つけ出してそれを提供すると言った方が良いというのが佐藤さんの見立てだ。現場と研究・政策のパイプ役がここになる。そう指摘されて私にも腑に落ちることがあった。

奈良県がスイスベルン州との交流でスイス林業との接点を持つようになる中で、現場フォレスターのロルフだけでなく、リタイアした上級フォレスターを招聘したときの取材がある。数日間の現地視察と現地研修の後、林務職員向けの研修があった。

そのときの提案が、とても目を引いたのだ。数カ所での依頼された現地講師をただ務めていたのではなく、その森林の状況と、そこに関わる人たちの発言や報告からそれぞれの現地の課題、その基底にある県（国とも言える部分あり）の課題を網羅して分析していた。林務職員に対する研修では、これらの課題に対して行政がしなければならないことがリストアップされ、一つ一つを丁寧に説明するのだ。短期間の中で日本の実情背景、奈良県の状況、地域性などがしっかり掌握されていたことに驚いた。

このとき、佐藤さんが一連のコーディネーターをしていた。上級フォレスターと行動を共にしているうちに「それこそが彼らの本来の仕事なんだ」と、よくわかったという。

「それはコンサルタントとも言えるか？」と尋ねた私に、しばし考えて、「似ていますが、コンサルタントはあくまでも当事者にはなりませんよね？　上級フォレスターは地域に住み暮らし生活を共にするという意味でコンサルタントよりもずっと当事者の位置にいると考えた方がいいと思います」と佐藤さんは言った。

上級フォレスターは、現場フォレスターよりも立場は上で、給与もさらに上だ。それは、そういう責任がある、ということに他ならず、厳しい言い方をすれば、上級フォレスターは課題解決に対して「自分はわかりません」とは言えない立場、ということになるそうだ。何かしらの解決策、打開策を提案し実行に持っていかなければ彼らの存在意味はないと。

だから、1つの専門の研究をするのではなく、さまざまな研究や制度、経済動向について常にアンテナを張り、あるいは、政策的な課題解決が必要ならば、そういうアプローチをし、というように現場の森林管理、運営がうまく運ぶように専門性を使ってさまざまな手立てを講じる役目、ということになる。

現場フォレスターの役割の幅広さと実務力の高さ、現場作業をする人たちの体系だった習得システム、そういう現場をバックアップする体制は、さらに専門性・万能性の厚さが求められるのは、当然かもしれない。

⑤研究者・官僚

人の関わりをのぞけば、森林は自然のメカニズムそのもので動く。その本来の森林の動きと、自然とは別な要素で動く人間社会と、そのどちらもが現実の森林、産業としての林業にさまざまな影響をもたらす。スイスでは、森林・林業に関わる研究者や官僚は、目的——森林の良好な維持と木材生産と利用の合致を将来にわたり維持保続する——のためにより良いサポート、誘導ができるような研究や制度政策を作成する役目を持つ。

日本では、国の研究機関と各都道府県に森林・林業系の研究機関がほぼあるが、スイスでは連邦工科大学チューリッヒ校（ETHチューリッヒ）と連邦森・雪・ランドシャフト研究所（WSL）、ベルン応用科学大学の農業・林業・食品学部（HAFL）の3機関の役割が大きいと佐藤さんは指摘する。また、個人のコンサルタントが研究を提供することもあるが、こちらは非常に専門性の高いもの（たとえば、ある種のキクイムシに特化など）のスペシャリストというような形になっているという。

いずれの研究機関でも特筆すべきは、社会性、経済性を含めてさまざまな課題の解決策を見いだしていくことが研究の役割とされ、特に現代は問題が複雑化しているので、林学を超えた分野と提携して研究しなければダメだと認識されている点だ。現場フォレスターを中心にして、徹底した現場を起点に動く内容がこれまでにもたくさん出てきているが、研究も同様に現場に即した研究を行い、その成果は現場で使わなければ意味がない、とされている。

特に小規模森林所有者のもとに研究成果が届かなければならない、とされているのも特筆すべきことだろう。日本にもあまたいる小規模森林所有者の方たちは、自分と森林との関係性を意識、自覚できなくなっている人が多い中、研究はまさにそういう人たちに届くべき、と前提されていることは本当に重要だ。そうでなければ公的資金を用いて行う研究の継続に対して、納税者の理解が得られないとＷＳＬの研究者は話しているそうだ。

しかし、現場で日々現実に直面しているロルフにはそれらの研究はまだまだ現場から遠いという感想もある。

スイスで森林関係の官僚組織は、たとえば連邦政府環境省（ＢＡＦＵ）がこれにあたる。業務内容は、自然資源の持続可能な利用、自然災害に対する保護、人間の健康、生物多様性、世界の環境政策などで、職員５００人のうち30人が森林関係（森林部）にいる。

森林部の業務内容は、森林政策・戦略、森林保全と木材産業、森林サービス（飲料水、レクリエーションなど）と国際間調整、環境監視と森林教育の４課に分かれている。

戦略のポイントは森林保全の確保、生物多様性の保持、林業採算性の改善、サプライチェーンの強化、森林の質的向上（土壌、樹木の活力、飲料水など）で、これらを実現するためのＢＡＦＵの役割は、立法（連邦法）と州のとりまとめ（コーディネート）となっている。ただし、連邦法は大きな方針を定めるのみで、実行のための法律は州法になる。

連邦として力を入れているのは木材の利用度（成長量に対する利用量）の向上と林業経営の体質改善（黒字化）で、そのために連邦法の改正が必要であれば手当てをするほか、各州にはたらきかけてさまざまなキャンペーンを主催している。近年ではhors21という木材をもっと使おうというキャンペーンペーンが繰り広げられ、高層木造建築のための法改正はその代表的なものと言える。

森林に関する教育はとても重要なテーマだが、教育はさまざまな機関・部署が関係する複雑なものなので、連邦森林教育委員会をつくりBAFUが事務局を担当し、問題解決のコーディネートをしている。

ちなみに、BAFUの役割としてさまざまな政策・戦略の立案があるが、BAFUが上から「こうだ」と提案することはなく、年2回各州の林務部長が課題を出し合い議論した結果を、各州の森林担当閣僚(大臣)が話し合い決議していくという。つまり、同じ問題を技術者と政治家が話し合い、そのコーディネートをするのがBAFUの役割という位置づけになっているという。

2　全体を俯観する

スイスで木材利用と良い森づくりが連動する基盤を、前の章での法律や制度政策、そしてこの章で仕事に携わる人たちのそれぞれの役割と関係性などから見てきた。そこに市民が森林に親和性が高いこともプラスにはたらいていると私は見た。ただ、市民は森林には大変なじんでいるものの、林業に関してはまだまだ意識は高くないというのが山脇さんの見立てではある。

一見すると、こと林業に関しては日本とは大きく違わないとする人もいるかもしれない。行政機関に研究機関、教育機関に森林所有者組織、林業事業体などがそれぞれあり、そうしてさまざまな役割が規定されているのだから。しかし、決定的にスイスと日本で異なっていると指摘されているのが、それぞれの部署がそれぞれに一生懸命やってその総和で目的が達成される、というような前提に立つ日本に対して、スイスは最初から全体の連携・システムで目的に対応するようになっている点だ。複層的に、何重にも目的の実行に重ねられたサポート体制、遂行体制があり、それらがシステムとして機能するようになっていると言ったらいいか。

さらに、それは組織のつくり方・あり方の話だけでなく個々人の思考こそがこのシステム思考でトレーニングされている。目的に対してどういう手段や手法などのパーツをうまく使うか、という全体的な俯瞰した見方をするクセがつけられているので、あるパーツだけにこだわって全体像、目的からズレてしまうということを避けやすいと言われている。

たとえば、道をつけるのは良い森づくりと木材の生産性を高めるための両方を目指して考えることにしたとして、現地をよく観察すると道をつけるよりも架線での材の運びにした方が森づくりにも生産性にもいい、と判断すれば道をつけるのをやめる。しかし、道をつくることが目的と化してしまうと、何が何でも規定通りの道が通ってしまうことになりかねない。

本来の目的に対してどうか？　という思考方法がとられる中で、その都度最適な手段を選択していくのが良いプロということになる。最適というのは、これまた目的に照らして、森づくりと生産と両方に寄与することだ。ただし、その森林の位置づけが、環境重視の森か生産性重視の森かによってもこの「両立」の意味合いは違ってくる。そういう現実の森に常に依拠して判断するには、当然のことながら専門の知識と技術が必要になるわけで、それがしっかりとした人材教育システムとして展開されている、という流れが繰り返し出てくる。

システム思考とバックキャスト（目的を決めてその目的に対して手段を考えて進んでいく）は表裏をなしている考え方で、パーツの総和（パーツ思考）で物事に対応しようとすることがうまくいっていない今の日本で、どうやってこのシステム思考とバックキャストに転換できるか？　は良い森づくりと良い木材利用の連動の大きな鍵となると佐藤さんは強調している。

また、最近の経験と自身が林学エンジニアとしての立場にいることで自戒も込めて、現場と研究・政策をつなぐ林学エンジニア（日本では県や国の行政マンとなることが多いがいわゆる林学・森林系の大学を卒業した人たち）の役割が今後を左右するだろうという。研究者は深く掘り下げる精緻な作業をするタイプに向いていて、その人たちに普及などのコミュニケーションを大きく期待するよりも、「つなぎ役」として林学エンジニアがコミュニケーション能力を高く持つ訓練がされるようにスイスはシフトしてきた。

ロルフたち現場フォレスターもスペシャリストからユニバーサリスト（万能家）へと教育方針が変わっていったと前述したが、林学エンジニアも同じだという。そのため、林学エンジニアになるためにも半年から1年の現場実習が義務づけられるようになり、かつ、実際の事例を多用した応用的な演習が増えているという。いずれの場合も、実際に即して、生身の人間に対してどう伝えめざす目的に向かうように対話をしていけるようにするかが狙いとなっている。

6章　日本の針葉樹人工林での近自然森づくり

1　ゼロか100かではなく

針葉樹人工林が林業の中心である日本で、近自然森づくりの話はいろいろな意味で驚きで受け止められる。その筆頭に出てくるのが広葉樹を針葉樹と同列に木材生産することと、天然下種更新だ。確かにロルフのワークショップで繰り返されるのは、この2つを前提にしたやり方なので、日本の常識的な林業からすると、「!?」と仰天。林業に携わっている人はもちろん、一般的に広く知れわたっているのが「植林―下刈り―間伐―主伐（皆伐）」の流れなので、無理もない。

前述の、スイス近自然森づくりを日本に紹介してきている佐藤さんは「今ある針葉樹人工林をすぐに天然下種更新で広葉樹の森にするかのように受け止められることが多くて」と苦笑する。日本の林業が皆伐―再造林という一斉に全面を変えるやり方がまだ主流なので、「一斉の針葉樹がダメというなら（ダメなのではなくリスクがいろいろあると言っている）、今度は天然下種更新でやるのか？

そんなの無理！」と全面総取り替え的な構図が頭に浮かぶようだ。

リスクをできるだけ避ける近自然森づくりでは、劇的で急な変化が森の状態にもたらすマイナスの影響を避ける。激変がどんな影響をもたらすのかは、予測しづらい。森林の状態の観察を第一とする中では、人の関与がどういう変化をもたらすか時間をかけて見きわめながらゆっくりとコトを進めていくやり方を選ぶ。その流れでは、今ある森林の現状を「ダメ」と否定してゼロにしてから始める、という発想は出てくることはない。常に、現状から出発だ。その現状からどういう方向にしていきたいのか？　によってやることが変わってくる、という流れはどの森林でも同じアプローチなのだ。

佐藤さんは、「だから、手入れがされてきていなかった人工林は、まず必要な手入れをして林内環境を良くしていく。その中で実際に森がどう変化していくのかを、どんな樹種が生えてくるのかもあわせて観察していく。でも、一見やっていることはふつうの手入れの間伐と大して変わらないんです」と言う。そして壮齢の針葉樹人工林での育成木施業はとっつきやすく、現状の日本の制度の中でもできることがいろいろあるのでお勧めだという。

では、佐藤さんは自社の針葉樹人工林に対してどのようなやり方で近自然森づくりを試みているのか？

2　現行制度の中でできること

㈱総合農林が所有している森林は全国にあり、トータルで約８０００haほどにのぼる。それらの中で現在近自然森づくりを試みているのは主に宮崎県の森林と奈良県の十津川にある森林だ。総合農林は代々の森林所有者ではなく、グループ企業の所有していった資産である森林を良好に維持管理するために設立された。そのため、人工林では自社で始めたものではなく、途中から引き継いでいる森林が大勢を占める。

当時、当面の林業経営での収益がめざされるのではなく、将来にわたって森林の資産価値を上げること――環境的にも経済的にも「良い森林」と評価されること――が目標に掲げられた経緯がある。この視点が、木材生産に特化してきた日本の林業の中では異質だった。「どうしたら資産価値が上げられるか?」という模索の中で、スイスの「環境も経済も両方に資する」近自然森づくりを採用することになったのだ。2010年のことだ。近自然森づくりの日本での実践構築が当面の主眼で、完全に、先行投資型だった。

しかし、2015年、大きな転機が訪れた。グループ企業の収益悪化で組織の改変が起こり、総合農林は売却されることになる。翌2016年春、神戸に本社がある大栄環境㈱の傘下に入った。それまでの、より良い森林としての資産形成が主目的だった経営は、新しいグループ企業の中で森林を管理経営するメリットの最大化が求められるようになった。それまでの先行投資での試行錯誤的経営では許されない状況になっている。

経営環境は激変したが、持続する森林経営を近自然森づくりでやる――という命題は現実的な試行錯誤へと向かうようになった。それが、現在各地に広がっている手入れ不足の針葉樹人工林を育成木施業で良い状態にしていくことはやりやすい、という手応えになったという。現状の木材価格の長期下落で補助金がなければ林業作業のどれもができないと言われる中、佐藤さんは「補助金がある間はそれをうまく利用させてもらいながら、ゆくゆくそれらの補助金がなくなっても持続できるように今のうちに手を打っておく」というスタンスをとる。

日本の戦後の新しい人工林では、一般的な育て方として本数や作業のやり方などがマニュアルのようになっている。その作業の目処は年数で決められてきた。スギ林とヒノキ林それぞれの人工林は、平均的に40年と50年で収穫（皆伐による主伐）という設定だったが、途中、今も続く木材価格の下落を受けて長伐期《ちょうばっき》（スギで80年、ヒノキで90年が目安）へと目標が一度変えられたことがある。それに合わせて、手入れ（間伐）が必要とされる年限も変遷があるが、とにかく、日本では植えた年から何年ごとに何をする、という年数での設定が原則となってきた。これが補助金をもらうときの大きな枠となっている。

ちなみに、２０１０年に国産材自給率50％をめざすことが掲げられて数年ののち、今では長伐期の話はなんとなく立ち消えになったかのように見える。もともとの設定でいけば、植えてから40年、50年とたって計画の中での主伐とされる年数に到達した人工林が続々とあるので、自給率向上の目標に向けてとにかく伐って出すことに力が注がれだした。再び皆伐—再造林という流れが勢いづいている。

佐藤さんは、この皆伐—再造林の流れに入るといつか補助金がなくなったときのリスクが大きいこと、一旦裸地化することによる環境的なダメージと、新たに始める一連の人件費のコスト、など複数の理由から基本的にはやらない。育成木施業での収穫目安は年数ではなく、太さにおく。目標をスギで80cm〜1m（胸の高さの直径）、ヒノキではこれに準ずる太さ、としている。つまり、育成木が目標の太さに達したものから順次収穫していく。もちろん、現状からその状態になるのはまだ当分先の話となる。

以下は、所有山林の育成木のやり方を佐藤さんが紹介したものだ。

「（この場所で）育成木の指定とライバル木の伐採（間伐）を、スギならおおよそ10m間隔ぐらいで展開していく。ライバル木以外の木々は、育成木の次の世代の育成木候補になるので手をつけない。育成木に成長を遮られ、育成木の収穫までに枯れてしまう木もあるかもしれないが、育成木が志半ばで途中で倒れてしまうかもしれない。そのようなときに備えた保険の意味も持つ（クオリティは落ちるが森は維持される）。

伐採したライバル木は搬出して管理費用に充てたい（つまり収穫間伐となる）。ここは水平方向に細長い斜面で1本道があれば簡易架線かウィンチで集材できるので、なんとか採算をとりたい。ライバル木の伐採だけで採算のとれる生産量に達しない場合は、多少つじつま合わせは必要だろう。10年後にまたここを訪れたとき、自分の思ったような状況になっているかどうか。なっていなければ検証・修正した上で次に何をやるかを決める。今からあんまりああしたいこうしたいと先のことを細かく決めすぎない方が良い。こういう施業を10年間隔で繰り返すことで、構造を複雑化させ林分安定性を持たせることが大雑把な目標。

育成木が成長し将来択伐で収穫したとき、大きめのギャップができる。ここで初めて更新をどうす

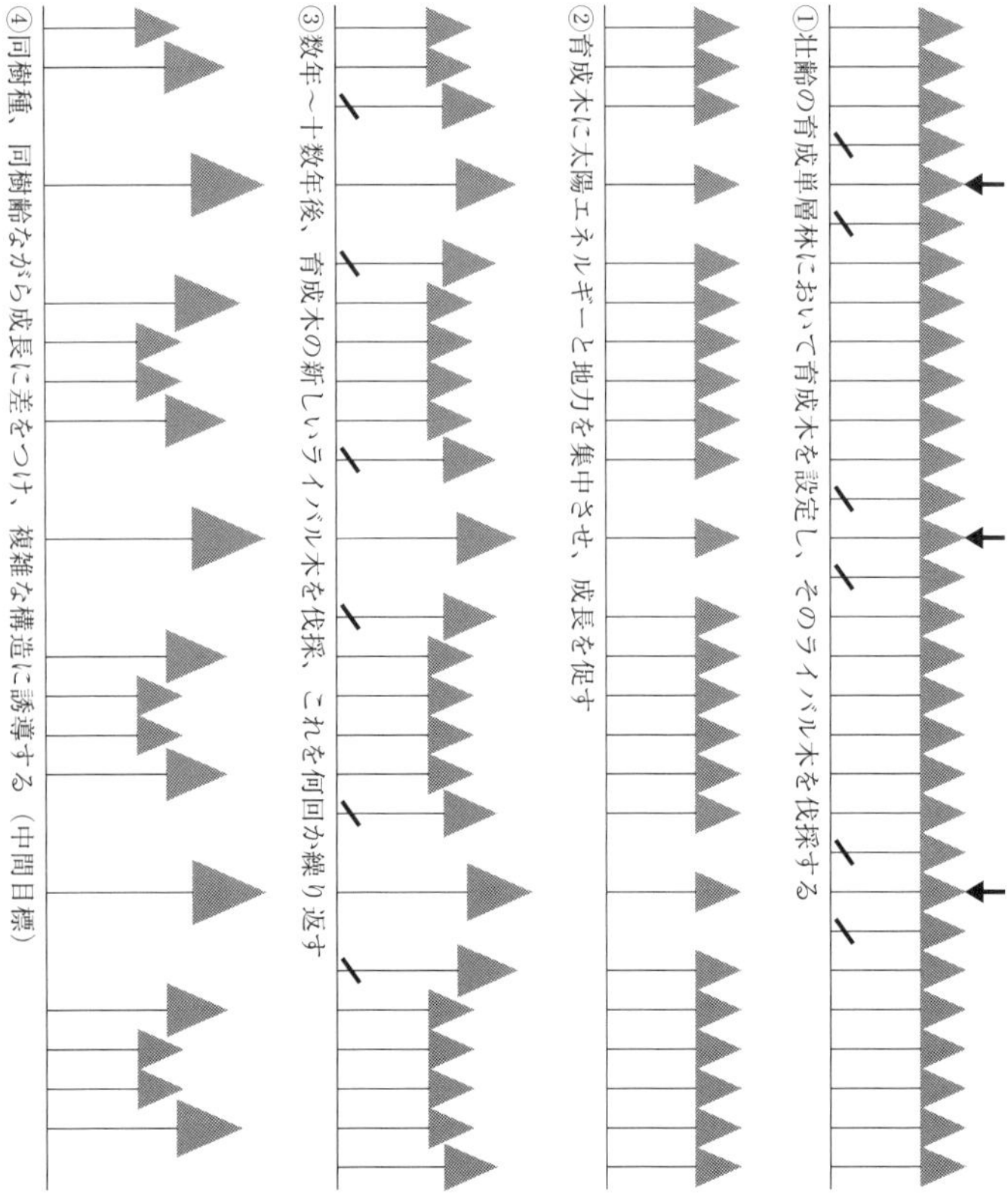
①壮齢の育成単層林において育成木を設定し、そのライバル木を伐採する
②育成木に太陽エネルギーと地力を集中させ、成長を促す
③数年～十数年後、育成木の新しいライバル木を伐採、これを何回か繰り返す
④同樹種、同樹齢ながら成長に差をつけ、複雑な構造に誘導する（中間目標）

⑤育成木が目標とする径に達したら収穫する
⑥育成木を収穫したギャップに天然更新が起きる（天然更新しない場合は植林する）
⑦次世代の育成木・育成木候補を設定し、ライバル木の伐採・若木の手入れを繰り返す

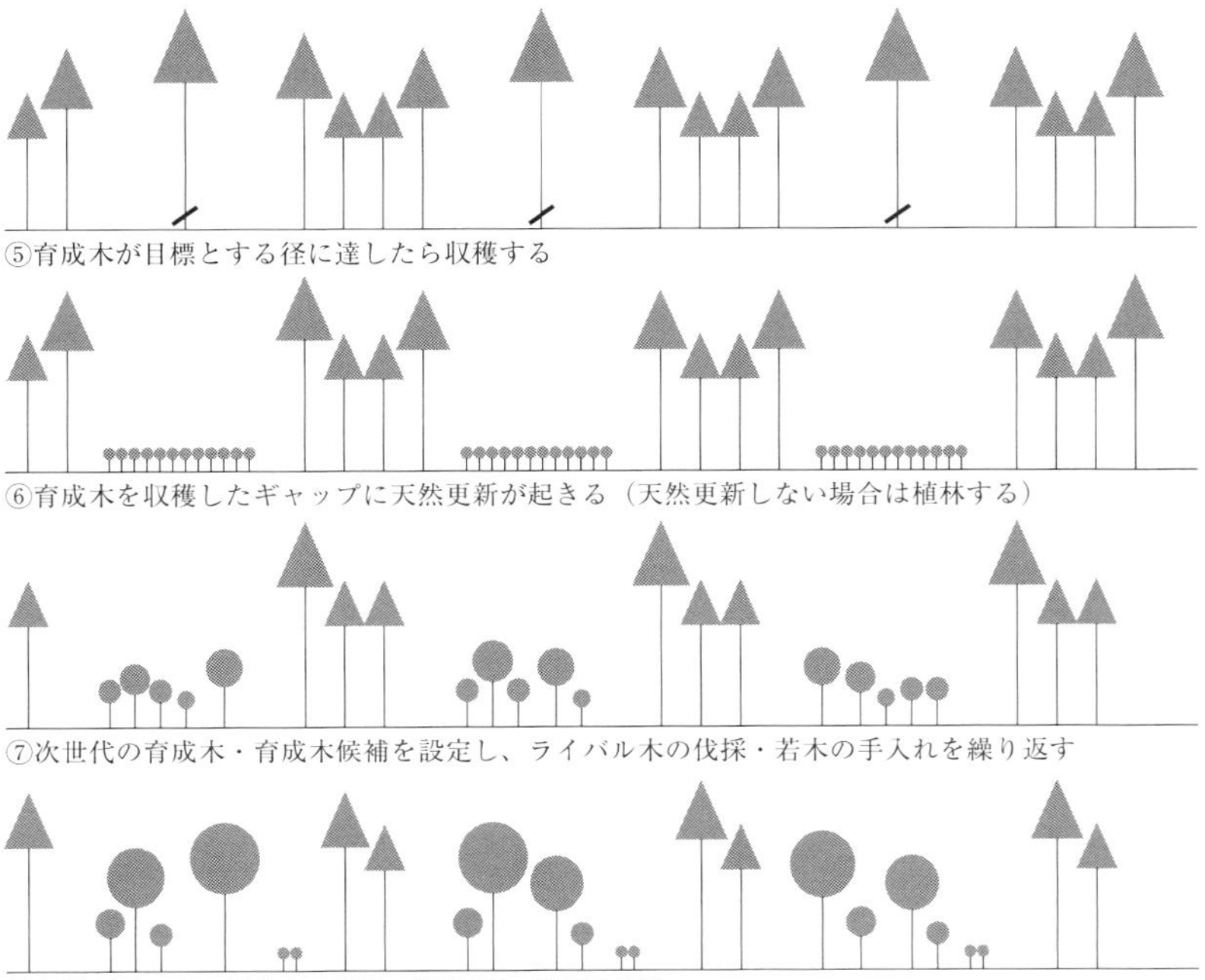
⑧収穫だけで森が持続する構造（恒続林）が到達目標

図1　スギ人工林での育成木施業。（佐藤浩行氏作成）

るかを決める。天然更新が期待できないのなら植える。ただ、それを決めなければならないのは何十年も先の話。

経営のアプローチからのみ考察しましたが、結果的に環境面の合理性は何ら侵すことなく、むしろポジティブな方向に向かうことが期待できます」

このとき、補助金要件の関係で30％の間伐量に満たない場合は、現場の森林に即して伐り足すことをする。放置されていて本数が非常に多い場合などは、育成木施業と列状間伐を組み合わせて施業した林分もある。要は、目的のためにできることを、現行の制度の中で使えるものはうまく使ってなんとかする、という1点になるという。

最終的な目標を定める前の、仮目標というような流れで、大雑把には「構造と樹種の複雑化」を目標にして、これならできるかもしれないな、という中間目標を設定するというような流れだ。イメージとしては図1のように考えられている。

3　観察しながら変化を促す

放置されて形質が良くない林分で、将来のために残す木を選ぶのが難しいことはままある。ならば、まずはざっくりとでも手入れをして、その手入れによる反応を見てから育成木を決めたっていい、と佐藤さんはする。機械的に日本の計画ではこうだから、あるいは近自然森づくりではこうだから、という形にこだわるのではなく、現状の森林の様子を見て決めさえすれば、打つ手がいろいろあるからだ。

これを10年周期ぐらいで繰り返すうちに、育成木はどんどん太く成長しながら、さて、林内にどのような変化が起きていくかを見ていく。間伐されて空間があいたところには何か新しい芽が生えるのか生えないのか、生えるとしたらどんな樹種なのか。それらの経過観察は、その人工林がそれまでどのように手入れがされてきたかいないのか、どんな立地にあるかなどでそれぞれ異なる。しかし何回かの間伐がされるうちに、林内には変化が起きるので、それを待ってから――つまり育成木をしっかり育てることを最優先して――将来にわたる森林の維持がどのように可能かをじっくり決めていけばいいという利点は大きいとする。

スイス近自然森づくりでは将来の目標を決めることが大事だと言われるので、スワ、目標を定めなければ、と考えがちだが、目標は実態にもとづいて決まらなければ持続には至らない。計画、計画と昨今とにかく計画づくりが出てくるが、その計画が自分たちが手がける森林の実態を反映してつくられるものでなければ意味はないことをあらためて指摘する。その実態を把握するためにも、現状の手入れ不足人工林でも補助金を活用しながら育成木施業をして同時に観察を続ければできる利点をあげている。

新しいやり方が本当にいいのかどうか、マッチするのかどうかを確認するためにも、現行の制度や方法のもとで少しの割合で新しいやり方をやってみる。その結果をふまえて、新しいやり方をさらに進めるのか、あるいは別のやり方をまた探るのか、はたまた現行のままでいくのか、という判断をしていくというのが近自然森づくりの考え方にある。確証が持ててから、少しずつ新しいやり方を広げ、時間をかけて現行制度ややり方から移行する手順だ。

佐藤さんは、現行の補助金制度を利用しながら今のうちにトライアルしてより安全で確実な持続性を持たせようとしている。

育成木施業を取り入れたいと考えたときのネックは考え方を理解し、それにのっとって選木ができるかどうか、その判断ができる人が委託する業者にいるかどうかになってくるという。奈良県の十津川村では、森林組合担当者に適任者がいてくれた。佐藤さんはその選木に信頼が持てたことで、今では安心して作業を任せられる状態になった。「このやり方は所有者が同意してくれたら（既存制度の中で）できますよ」と担当者は広がりの可能性も口にしているそうだ。

この経験で「現場の人は、考え方が納得できると早いな」と思ったという。ただし、別な地域ではそういう理解者がまだ出てこないため、まずは通常の間伐で手遅れ林分の改善を進めている。今すぐ近自然森づくりの考え方ややり方ができなくとも、いっぺんに全部を変えるのではないのだから、あわてることはない。できるところで、確実な成果をあげていき、広げられるところを探るだけだ。

4　近自然で若木の手入れ

現在、間伐が必要な壮齢の人工林が多数派だが、佐藤さんは植林して10〜20年ぐらいの若い針葉樹林に対しても近自然森づくりでの手入れを進めている。ロルフも手入れは早い方がより手間とコスト、負担をかけずに森の進む方向と人が望む方向の接点をつくりやすいとしばしば言う。

佐藤さんは「若木の手入れとは、収穫を伴わない施業のこと。若木を育てるために大径木を巻き枯らしする、といった施業も含まれます。こちらも天然下種更新の是非を問うのではなくて、すでに生えてきているものをどうするか、という施業です。たまたま下刈りや除伐が行き届いていない（あるいは意図的に先送りした）という若齢林で、そろそろ除伐をしないと、という林分が手をつけやすいです。若木の手入れでも、育成木施業と同様に将来的に有望な木を残します。そのため、植林した木であっても周りにもっと安定して成長のいい木が育っていれば、植林木を伐ることもあります」と言う。

植林地に他の樹種が進入していることもあるので、その場合混交林化は壮齢人工林の育成木施業よりも早く到達できる利点はある。一方で、最初から多様な樹種に対する知見と意欲が施業者に求められることと、当面は収入が期待できない施業であることが、これが進むかどうかのポイントになるそうだ。

総合農林で現在進められている若木の手入れは宮崎の所有山林で放置されていた人工林で、放置の結果除伐がされていなかったため植林した以外の樹種がすでに入り込んでいた。だから「構造と樹種の複雑化」をめざす中では、この時点で他の樹種が侵入していることはプラスだった。

ただ、スギならスギだけ、の中で育成木を選ぶのとは異なりさまざまな知識が必要になってくる。そのため、この作業は総合農林の社員で近自然森づくりを学んできている村田優也さんが実施している。このとき手がけた人工林では、植えたスギ林に侵入してきたクリやカシは、安定性や素性が良ければ積極的に残す方針になっている。今の段階ではまだライバル木の間伐は必要とはなっていなかったので、枝打ち、ツル切りが主な作業だ。枝打ちの目的は2つあり、1つは次回施業する際の目印として、テープを巻かなくても遠くからそれが育成木だと気づくように。もう1つは、木材としての形質を高めるため。育成木に斜面の上から覆いかぶさるような状態の木があるときは、育成木の樹冠に光を当てるために伐る。

また、今はまだ育成木と決定するには少し早い状態ということで、本決まりのときよりも多めの本数をマーキングして「候補」としている。決定は、3年後ぐらいを目処にする予定だという。心がけているのは、何年生だから何をする、というやり方は決してせず、育成木の成長具合と周囲の状況を観察して、様子を探りながら対応することだ。

村田さんは、日本の皆伐—再造林の林業が「一方通行」の森づくりに見えるという。皆伐で一度終わりを迎えるので、どれだけコストを下げて伐採、搬出するのかが焦点になってしまう。一方の近自然森づくりは「循環の森づくり」のため、「どうしたら更新するか」が重要で、その更新を促すためにさまざまな手法が考えられる。「森づくりの一環の中での収穫（伐採と搬出）なので、その収穫方法ももちろんいろいろになりますね」とそもそもの森づくりに対する考え方の違いを説明する。あくまでも自分としては循環する森づくりをしたいと考えているにすぎないが、人工林として植えるやり方でも、今後は機械的ではなく省力化していかにコストをかけないで、その土地土地の自然に即しながらやるやり方が求められているのではないかと言う。

「スギやヒノキの適地はあるわけで、そういうところは積極的に新しいやり方を工夫してやることには意味があると思います。皆伐もすべて悪いと思っているのではありません。ただ、次の更新をどうするのか？ をちゃんと頭に入れた上でなのかどうか、だと思います。機械的、大面積に今までの人工林ありき、はもう見合わない状況なんじゃないかと自分は思っています」と語る。若木の手入れは早い段階で育成木施業を始められることで、理想とする森の姿になるまでの総合的なコストを下げられること、育成木の成長が早くから見込めるので安定性も質も高まるいい木に育ちやすいこと、などから投資効果は大きいと言う。

佐藤さんは、構造を複雑化、多様化させることは「知識と技術がいることなので」と現状ではどの森林でも、誰でもができる、とは言えないものの、継続して同じ森林に関われる自伐《じばつ》林家（林業経営をしているいないにかかわらず、自分で所有森林の作業をしている人）や森林ボランティアの人たちには、若木の手入れは学びながら継続してやれる利点があると勧めている。

5　過去に学ぶ

現状のやり方を一気に変えることは、森林の激変と同様に危険性がある。だから、現在のやり方を続けるかたわらで、別なやり方を試していく、という策をとる。別のやり方がうまくいきそうならば、少しずつそのやり方を増やしていって現状から徐々に変えていく、というこの流れ。

地域によっては「昔は天然で生えていた」とか、山に生えている若木を引いてきて近くに植えたというような話はちょこちょこ聞く。いずれも昔話とされがちだが、現在のやり方を続けながら、今後のリスクに備えてそういう地域の過去に学んでおくことも大事なことではないかと思う。

実際、そのように転換した人がいる。滋賀県の林業家、栗本慶一さんは京都府との県境に近い朽木《くつき》

図２　天然スギと広葉樹が凹凸のある景観をつくる朽木の森。

で代々の林業を営んでいる。旧朽木村は天然スギの産地で、戦前の祖父の代までは個人規模ででき る範囲で山づくりをしていた。それは、山で天然に更新された苗を引いてきて管理しやすい自宅の近くに植えて育てるというようなやり方だった。それも、大面積で一度に増やすのではその後の育林に大きく負担がかかるので、あくまでも小規模に少しずつのやり方だったという。

戦後復員して後を継いだ父の代は、戦後の一斉、一面の拡大造林の時代となっていく。大々的なやり方で山を広げていく父を、祖父は心配していたという。個人規模で複数の仕事の中の１つとして山づくりをしていた祖父と、何人も雇用して林業を本業とするようになった父とでは、時代も違えばやり方も違う。しかし、研究熱心だった父は、機械的にただ植えて育てるというような山づくりはしていなかった。種とりから始める苗木づくりは、雪に強い素性の良い母樹を観察につぐ観察で選び、雪の積もり方、苗が引っ張られる具合なども丹念に調べる研究を繰り返した。日本中から雪に強いという苗木を取り寄せての実験もしていた。その指示で現場で走りまわってきた栗本さんには、父は父の時代の中で、がっちりと山に向き合っていたことがよくわかっていた。

しかし、戦後の拡大造林の中、奥山の伐採で活況を呈していた時代が変わり、同時に集落から人がどんどんいなくなり、奥山の広葉樹が伐り尽くされた後に残された地域の人口激減と様変わりは、栗本さんに根底のところから疑問を投げかけることになった。それは、伐り尽くして去っていく林業では、地域は維持できないということだった。広げた人工林の大面積での手入れも、人口激減が重く大きくのしかかるようになっていた。

この地域で持続的に山を育てて暮らしていくにはどうしたらいいのか？　繰り返し考えるようになっていたころ、栗本さんは大きなケガをした。何カ月にもわたる入院生活の中で考えたのは、このことばかりだった。繰り返し考える中で、ハタと思いいたったのが「山の都合と人の都合」の違いだった。

6　山の都合と人の都合

父の代から始まった大面積の人工林では、植えてから40年後の収穫がめざされていた。一方、もともとの朽木の天然スギのサイクルは100年以上。その時間の差がもたらす最大の違いは、人の手間のかけ方に現れる。40年で収穫するためには、植えた苗木が雪で倒されるので雪おこしという作業が欠かせなかった。40年後の収穫に間に合わないからだ。しかし、天然スギの場合は若木の間（これが20〜30年！）は雪が降れば逆らわず倒れたまま、わざわざ人が起こすことはない。しかし、あるときを境に、天然スギは雪に倒されなくなる。そうなったら、もう天然スギは上に伸びるばかり。

ひとたび、山がしてくれること、という目で見てみれば、さまざまな手間は人の都合で山を育てようとやっきになるからなのではないか？　と栗本さんは気がついたという。逆に山の都合にこちらが合わせさえできれば、手間をかけなくていい部分がいろいろある。その分岐点は、山の都合で考えるか人の都合で考えるか、だと。それに気づいてから、栗本さんはどうしたら山の都合で林業がやれるかにシフトしていくことにした。

戦後の新しい造林地の間伐の手入れは地元の組合などにも依頼して広い面積の手入れを何とかやり抜き、今栗本さんはそれらの戦後の人工林も天然スギのように１００年のスパンの中で様子を見ながら維持している。皆伐はしないので、造林も広い面積に一斉にやる必要はない。

地域に合った樹種で、地域に合った育て方を山の都合を見ながらやるやり方。栗本さんにはその経験があったので、そちらにシフトすることがしやすかったかもしれない。また、代々山を維持してきた林業家のやり方には、それぞれの「持続」のためのやり方があるだろう。地域にそういう歴史と経験者がいれば、今、補助金がある間にさまざまな試行をしておくチャンスという見方ができるのではないだろうか。

7　鍵を握る現場の理解者

栗本さんが方針を転換して「山の都合」での施業方法に変えるにあたって、大きな鍵となったのが現場で実際に作業をする人たちだった。父の時代には常雇《じょうよう》と呼ばれる、今で言えば社員のように方針もやり方も熟知した人たちが現場で作業をする形がとれていた。それが、木材価格の低下と共に常雇での雇用がどんどん難しくなり、栗本さんはケガをしたのを機に、常雇をやめる。とはいえ、作業は1人ではできない。その時点ではまだ間伐が絶対に欠かせない年齢の人工林が多数あったので、途中で手を引くわけにはいかなかった。

作業を依頼した先は地元の森林組合だったが、これが難しかったという。一般的な人工林では、機械的で、一律の作業になりやすく、山の全体を見ることを求められていなかった。そういう仕事のやり方では、「山の都合」では動けない。しかし1人ではやりきれない面積では外部に依頼するしかない。そこで栗本さんがとった手は、「伝える」だった。

仕事を発注する側だからといって、上からああしろ、こうしろ、と命令するだけでは進まない。やる人が納得して、その気になってくれなければ、はかどらないと考えたのだ。自分の望むやり方、山づくりについて理解してもらうことを考えた。森林組合の作業班はいくつもあり、その中でもともと栗本さんの話を理解してくれるだろうと思われる人たちは見えていた。

「なので、ときにその作業班の人たちとさかずきをかわしては山の話をして」と仕事を望む方向でやってもらうためにコミュニケーションをとってきた。栗本さんは、気心を知る関係を作ることで自身の山づくりの考え方とやり方をわかってもらうことが大事だと考えた。飲食を共にすることでもたらされる連帯感。効果は大きかった。栗本さんの山の仕事は、もはや特定のその作業班にすべてお願いした。「うちの山の主治医になってもらうような気持ちやったです」と言う。

この話を聞いたとき、なるほどなあと感慨深かった。スイスではコミュニケーションが重視されていると前述したが、日本ではなかなか上下関係を無視してそれぞれが意見を出し合い、フランクになるというのが難しいと思っていたからだ。

結局、「どう伝えるか」は互いがどう理解し合えるか、なので、相手の状況を無視して「これがいいコミュニケーションのとり方です」という方法があるのではない。これまた森を見るように、人それぞれがアプローチを工夫して、「伝える」目的を達成することが大事。そうして、昔ながらのやり方を生かすと共に、将来に向けて少しずつ新しいやり方を試すのは、コミュニケーションでも同じことなのだろう。一気に、ゼロか１００はここにもないのだ。

7章　広葉樹が主役の地域で

1　豪雪地帯で——利賀

針葉樹人工林が広がる地域がある一方、自然の状態では広葉樹が圧倒的に優勢となる地域が日本にはまた多い。特に、雪が多い地域にはこの傾向が強い。

富山県南砺《なんと》市に位置する利賀《とが》地域（南砺市合併前の利賀村）は、岐阜県と県境を接し、平坦な富山市街から車で向かうと延々と山の頂をめざした先にある。（こんな高いところに集落があるのだろうか……？）と口にする人も多いという。利賀地域の人たちがさまざまな地域イベントに「天空の」という冠をつけているのもうなずける。

こう書けば、非常に条件の悪い典型的な過疎の地として受け取られるにちがいない。確かに早い段階から過疎化、人口減少という問題に直面していたので、現在日本中の地域で活性化策に知恵を絞る中、利賀はその歴史も長い。「世界そば博覧会」や、都市からの林業へのリクルート作戦を開始したのも１９８０年代、９０年代と早かった。８０年代初頭から世界演劇祭（利賀フェスティバル）が開催されていて、夏には世界中から演劇人が集まることでも知られている。これは７０年代に著名な演劇家が村に拠点を設けたことが始まりだ。

こういう流れで、立地条件から考えれば驚くほど多くの国内外の観光客が来たり、都市との交流があったりするので知名度がある。よって、地域活性化の成功事例としてとりあげられたりしてきた。しかし、利賀地域に定住している人の数、となると依然減少は止まらなかった。むしろ、道路の開設が進むほどに減少は加速されていったという。

その昔、冬になると利賀村は里と行き来する道が大雪のために利用できなくなった。それが当たり前だった時代、利賀では冬の間は村内ですべてがまかなえるような態勢があった。各家庭の食料や燃料の自給、保存をしっかり秋までに用意して、いざ冬ごもり、というように村の中だけ、いや地域の中だけで暮らせるように準備されていたのだ。戦前までは日本中の、特に雪の多い地域では珍しいことではなかったと聞くが、戦後、利賀でかなりの時期までそれが続いたのは、この天空に位置する立地ゆえではある。

右肩上がりで便利で効率の良い社会をひたすらめざす中では、もう不要に思われたその自給力、災害が頻発する今の時代には再び必要とされだしている。手づくりの保存食品とはいかずとも、防災の備えとして家族が３日分は利用できる水や食料、簡易トイレに防寒用品などなどを持つように勧められる現代。利賀村の「冬中遮断されても暮らせます」という自然を活用した生活力・自給力は、あらためて見直され、学ばれる宝、と見る人たちがいる。

2　地域の森の豊かさを生かす

利賀に移住し、一般社団法人「moribio森の暮らし研究所」（社員7名）を立ち上げた江尻裕、美佐子さん夫妻は、その学ぶべき宝の多さに利賀の活路を見ている。一般社団法人とか「moribio」という名前から、「何をする組織でしょう？」とやや正体不明な印象を与えるが、江尻夫妻を筆頭に、メンバーのほとんどが森林組合の現場で精力的に作業をしてきた林業技術者だ。しかし、木材生産だけの林業が難しい利賀の地域性を生かすために、森林をすみずみまで活用するための組織をつくった。それがモリビオだ。エコロジーに根ざした、木材生産だけが主となるのではない森の活用全部の林業を本懐としている。県の研究者や大学の先生を積極的に訪ね、せっかくなされている研究を現場へ活用したり、商品開発や、より自然に適する施業に生かしている。

この、現場で作業をしている側から研究者へのアプローチも、日本ではまだとても少ない。あたかも高い壁があるかのようにおいそれと門戸を叩けない、という気持ちの人は多い。しかし江尻さん夫妻は、二人とも林業が専門ではないというバックグラウンドがその壁を越させる一因だったというからおもしろい。「知らないから教えてもらいたいと思うだけなんですけど」と裕さんは私の感心に照れたが、言われてみれば確かにそうだ。

知らないから聞く。専門家はそのためにいる。しかし、聞くためにはそれなりの知識も経験も、やはりいる。裕さんは、国際関係が専門ながら、林業に転職後、林業・林業環境部門の技術士や難関の1級ビオトープ計画管理士の資格をとった。エコロジーの知識をちゃんと携えて林業をやっている強みがある。モリビオの現在の主な事業は人工林の間伐や除伐だが、森林調査の仕事が多いのは、裕さんを筆頭に森林生態系に詳しい林業者集団のためだ。

利賀では針葉樹人工林が作られたのはほぼ戦後のことで、しかも豪雪によって広葉樹林と化してしまったり、育ちはしてもことごとく「根曲がり」で根元が湾曲しているものが主流という実情を抱えていた。広葉樹が主体となる山の植生を前に、森林生態系に詳しいモリビオとしてはスギに（利賀にはヒノキの人工林はない）だけに特化した林業ではない林業ができないものかと考えてきていた。しかし、日本は針葉樹人工林で働くのが林業と言っても過言ではない状況の中で、「そういう林業（その地域に育ちやすい樹種で木材生産をしながら多様な林産物を生み出す）を考えているのは自分だけか」と裕さんは思っていたという。それがスイスの近自然森づくりを知って「なんだ、やってる人がいるんじゃないか！」と拍子抜けしたと同時に、「ならばやりたい」と強く思ったそうだ。

そして、林業を地域の自然に即した形でできるようにすることと、地域の活性化はつながるのではないか、とも考えた。それが「利賀に林業学校をつくろう」という構想としてあらわれる。近年、都道府県レベルでの林業学校がどんどん設立あるいは計画されてきている。しかし、一般的な針葉樹人工林の良材づくりに向かない豪雪地の利賀では、現在の流れの林業教育では対応しきれない事象がたくさんあると裕さんは考えていた。

針葉樹人工林が不向きではあるけれど深い山間部にある地域でどう森林を地域経済に生かせるか、また、そういう地域は源流部となり下流の水をはじめ、環境を真に支えている地域となっている。それならば、木材生産だけでなく総合的に森林をより良く維持できる人材育成が必要なのではないか？となる。

3　人材育成の一歩

その人材育成をこの地域でやることとは、「高校レベルになるか、その上になるかまだわかりませんが、そういう世代が数年間を利賀で暮らすこと自体が地域にとってすごく意味があると思うんです」と美佐子さんは言う。利賀には高校がないので、中学を卒業すると天空の地を離れて下宿するなり、親戚を頼るなどして里の高校に行くことになる。その後の進学、就職と数年を経て利賀に帰ってくる若者もいなくはないが、少数派にとどまる。

つまり、利賀地域には10代後半から20代という、【青春】という言葉がもっともぴったりあう層が日常を過ごす姿がすっぽり抜けてしまうようになっているのだ。

「全寮制の学校にすることで、仮に卒業後利賀にい続けなくとも、そういう若い世代が数十人の単位でここに暮らして学ぶことが地域にもたらす意味は大きい」と2人は考えた。もちろん、ただ若い人が利賀で日常を過ごすための学校であればいい、というのではない。耕地が乏しく「山しかない」という地域性を持つ利賀で、そこで生き残る手立ては何か？　根曲がりとはいえ70年もたつ先人たちの

図１　根曲がりのスギ人工林の中に多彩な広葉樹が入りこんでいる利賀でのワークショップ。

植えた人工林を何とか生かす方策と、文字通り山ほどある多様な樹種を扱える知識と技術を身につけて、新しい事業展開をはかることが地域存続の鍵だと考えた。それらをやり抜く「人材」をこの地で育てられれば、一石二鳥。

その構想のために、ロルフのワークショップを利賀に呼んだ。現状の人工林を生かしながら、その上で地域の植生に即した森づくりをしていく環境と経済の両立をはかるやり方が実践されていること、それができるためには教育が大事なことをまずは地域の人や林業仲間に理解してもらうことが目的だった。

この学校構想は、南砺市の地方創生モデル事業での複数の取り組みの中の１つとして位置づけられた。２０２０年に2年制の「森の大学校（仮称）」開校をめざして、大学教授や研究者も交えた構想設立委員会12名が検討を重ねている。江尻夫妻２人ももちろんメンバーだ。現場仕事の本業をしながらの学校づくりはハードなものになっている。

また、現実味を帯びていなかったとき、言うなれば夢のような話のときには「いいね、いいね」と言ってくれていた人たちも、具体性を持ち出すと「本当にできるのか？」という不安が大きく頭をもたげ出してきたという。

一方で、地方創生のモデル事業ということで全国の中でのモデルとして位置づけられていることから、メディア的にはどんどん大きく扱われて新聞に掲載されたりする。すると、当事者としてあるはずの利賀地域の住民の多くからは「なんだいいったい？」と内容がよくわからないことへの疑問、不安も飛び出すようになった。

すでに利賀に暮らして20年にもなろうとしていても、移住者である江尻さん夫妻が始めたモリビオは全員やはり移住者。ヨソ者がやっている、という見方もそこには含まれた。江尻さんたちはそのことをよく理解し、地域の方たちへの説明会を何度も開き、森の大学構想を持つに至った経緯や利賀地域への思いを丁寧に語った。だんだん話がわかってくると、心配をしながらも応援者や助言者が広がりだした。なんといっても、利賀地域に住人が減っていること、若者がある時期この地域からいなくなることはみなが知っている現実だ。その打開策として地域が再び豊かに生きられる策として真剣に動いている2人に、ただやみくもに反対を唱えることはまた難しいだろう。

大丈夫なのか？　本当にできるのか？　という不安は、おそらく誰もが持っているにちがいない。口にはしないが、当の江尻さん夫妻だって同じではないだろうか。なぜならば、行政や国などの大きな組織に任せて一方的につくってもらう学校ではなく、地域住民発で市や県の応援を受けながらつくろうというのだから、異例づくめだ。そのハードルの高さをなんとか乗り越えようとしている強い気持ちは、どこから来るのか?

4 「環境林業先進地」をめざして

先にも触れた2010年の林業再生プラン以後、国産材の利用の勢いはどんどん加速している。伐採して材を出す部門の業界は、再び活況になり出している。一方で、以前拡大造林のころのように山があればどこでもかしこでも植林を勧めるのではなくなった反動により、「仕分け」をドライにしだしている。どこにでも植林をした経緯がありながら、さまざまな条件が不利で木材価格の低下をカバーできるような作業効率化がはかれないような場所は、「木材生産には不向き」と「ゾーニング」するようになった。産業としては当然の話と言える。しかし、針葉樹人工林の条件不利地である利賀は、一方でまた山が大半の地域だ。そこにきて「ここでは木材生産はダメですね」と烙印を押すだけでは聞かされる側は意気阻喪する。

「スギだってじいちゃんたちが一生懸命植えてきたもので、ダメですね、はいそうですか、というわけにはいかない」と根曲がりを逆手にとった意匠として生かす材の使い方はできないかとか、豊富な樹種の利賀ならではの「利賀の家」のモデルをつくる話など、森と木の利用についてさらに2人は知恵を絞るようになっていた。

山が多様な恵みをもたらしてくれてきたことは、日本中の多くの地域に今でも文化として伝承されたり、保存されたりしながらあちこちに息づいてはいる。しかし、それらが日常的に今も当たり前だったり、若い人たちにも継承されているかとなると、限られる。さらに、日々の営みとして経済活動ではないものも多かったので、あらためて、地域の産物として山の恵みを利用するのみならず、山全体をどう活用し、その中から経済活動を生み出していくのかは新しい試みだ。

江尻さん夫妻は、多様な木材生産と共に山の暮らしと文化を継承し伝えられる「両方できる人材」の育成を利賀の新しい学校で試みたいとめざしている。それは、地域の森林管理に責任を持つ人を育てることであり、ただ森に何かの木があれば環境にいいという雑駁さではなく、より具体的な森の恵みをいただく技と知恵を身につけないと利賀のような山村では生き抜けないという実感からきている。今はそれができれば環境にとっても経済にとってもいい林業のやり方をする先進事例となれる時代だ。その評価のしかた、見方も提示できるようしたいと考えている。それを裕さんは「環境林業」と位置づける。いずれそれが日本中の地域に派生することをめざして、今はその根幹となる人材育成をどうしたらできるかに邁進している。

5　広葉樹の木材生産

この利賀のように、地域一帯の優勢な樹種は圧倒的に広葉樹、というところでも、その土地の樹種で積極的に木材生産が行われてきているわけではない。それほどまでに広葉樹木材生産がない中で、

6章にもあげた、近自然森づくりに向けられた疑念、「針葉樹と広葉樹を共に木材生産」と「天然下種更新」は無理とする説。針葉樹の天然下種更新についてはどこまでどうできるのか、これからの試行錯誤があるのかないのか、それも未知数だが、広葉樹に関しては、岐阜県立森林文化アカデミーで広葉樹の施業を専門としている横井秀一さんに確認することができた。

私が取材に行くことを聞いた知人からは、「日本では天然更新が難しいという話、たくさん聞けるよ」と言われていた。一瞬ひるんだが、しかし、それならば覚悟をするしかないのだと思った。気候自然が違い、植生が違う日本では、スイスのように天然力に頼るやり方は無理だ、と研究から実証されているのならば、スイスとは違う手法の近自然を探るしかない。大事なのは、将来にわたって森の豊かさと人の暮らしの豊かさを両方かなえる森づくり、その中で林業はどうあったらいいのか？　なわけで、天然下種更新の実践そのものではない。それは手段。だから、日本では天然下種更新では森づくりにならない、となれば、その中でこの目的達成を考えるだけだ、と腹をくくって出かけた。

緊張して話を聞き始めると、前提条件が違うのに「無理か、無理ではないか」が語られている危険性を横井さんは指摘してくれた。そう、それはとても重要な整理だった。

いわく、針葉樹人工林を育てるのと同じように広葉樹人工林を育てようとすることは、大変自然に反することになるので「無理」。この場合の針葉樹人工林を育てるやり方とは、広い面積に1種類の樹種を育てるという意味で、その手法が植林であっても天然下種更新であっても、広葉樹の場合は望む1種類を一面にということが「無理」と言ってよかった。たとえばケヤキならばケヤキだけ、ナラならばナラだけ、と育てたい樹種を特定して何haにもわたって育てるやり方は不可能に近い。もちろん、ブナの極相林だとか、ナラが主体の山とか、「一面に同じ広葉樹があるじゃないか」と言われる森林もある。結果としてそういう状態になることはありうる。しかし、現状ではスギやヒノキ、カラマツ、エゾマツなどなどの針葉樹を人為的に一面で育てて収穫できる成功率とは比較にならないほど、計画して単一広葉樹林を木材用に育てることは、無理。

その最大の理由は、広葉樹はどういう樹種でも適した立地が非常に限られることにある。デリケートと言ったらいいだろうか。彼らが育つ立地はスギやヒノキなどにくらべると、ずっと許容範囲が狭いという特性があるという。だから、人が望む単一樹種による一斉の「広葉樹」の木材をめざした人工林は「無理」となるのだった。望む樹種を、大量に一斉に手に入れる、という発想と前提に向かないのだ。

「では、最初に1種類の樹種を特定するのではなく、生えてきた中から将来まで育てる木をいろいろ選ぶのならば、どうでしょう?」と尋ねると、即答だった。

「それが一番いいです」

「‼」

横井さんいわく、近自然森づくりの流れのように、出てきた稚樹がある程度の若木まで育ったということは、最初の淘汰が自然状態でなされたことを意味する。第1段階の選別が自然によってなされたものは、そこを適地としている樹種だから、その中から将来的に林業に利用できそうなものを選んで育てるのが広葉樹の木材生産としてはもっとも理にかなっている、というのだった。逆に、広葉樹を木材として育てるのはこの方法しかないだろう、と。

ただし、これを成立させるためには2つの条件がある、とも念を押された。1つが、現場の技術者のしっかりした教育。針葉樹の施業の知識と技術では多様な広葉樹を扱えないから、広葉樹の知識と技術の習得が欠かせない。2つ目が管理や作業のための道が入っていること。まだまだとはいえ針葉樹人工林の道が整備されてきているのと比較して、広葉樹林では整備されていないのだ。あわせて、技術や知識の前に、森林に対する哲学、広い捉え方をもっと学生に伝えることが今の林業には求められている、という話は心に残った。

6 匠《たくみ》の里——飛騨

岐阜県の飛騨地方も利賀に負けず劣らず広葉樹林が多い。飛騨市は針葉樹人工林の割合が市内の森林面積のうち約3割と公称されている。しかし、それらの人工林はまとまっておらず、さらに後から生えてきた広葉樹に押されて一見広葉樹の山と化しているところが少なくないのだという。ゆえに針葉樹人工林の実質は2割ぐらいではないか、と推測されている。

飛騨の匠という言葉が残るように、家具・木工はこの地域の伝統産業だ。建築用材に多用される針葉樹に対して、家具や木工は広葉樹が多い。そういう土地柄だけに、広葉樹を育てないと、という話は森林や木材の関係者、自治体の職員などからも出てはいたという。30年以上前にも有用広葉樹育成(ケヤキやカツラ、ミズメなど昔から用材として使われてきている広葉樹は「有用」という冠がつい

図２　飛騨市の広葉樹林は市内全域に広がり、河川のまわりに残る渓畔林と合わせて豊かで清らかな渓流を支えている。

てあまたある広葉樹種の中で別格とされている）が盛り上がったり、森林組合も広葉樹の育成ということで、育成天然林施業をしたりしてはいた。

「やってはきているんですが、目的がはっきりしないままの作業になってしまっていて、何をどうすればいいか、ということがわからないままだったりして……事業ベースにのらないんですね。実際、誰も広葉樹の造林（森づくり）はわかっていないんで、ただ藪を刈ったり、伐採したり、という作業だけがされていた時代があるんですよね」と中谷和司さん（飛騨農林事務所林業課）は振り返った。

先の森林文化アカデミーの横井さんも、「育成天然林施業という名前ではあっても、広葉樹林で何かの作業をすれば補助金が出たので、ただ藪払いの作業をすることが目的になってしまって本当に何かの樹種を育てる目的があったのかどうかが疑問」と話す残念な状況が過去にあった。

広葉樹の大きな特性の一つに萌芽更新があるが、若いうちに伐採すればその切り株から数本から十数本の新芽が伸びる。藪状態はますます加速される。延々とわさわさの藪のような雑然とした山があり続ける、となりがちだったという。その結果、岐阜県では効果が見えない広葉樹の森づくりに予算を割くよりも針葉樹人工林の間伐が遅れている林分の解消を優先すべし、とされた。

「そうはいってもこの飛騨市と、あともう一つやっぱり広葉樹林ばかりのところがあるんですが、この2つはこれだけ広葉樹林があるんだからふつうは針葉樹人工林に充てられる造林補助金を広葉樹の造林にも適用する、とはされたんです。でも、育成天然林施業の轍をふんではいかんよ、ということで、実効性のある広葉樹の森づくりをどうしていくか、ということが課題でした」と中谷さん。

広葉樹の「木材を育てる」ための森づくりは、日本では何しろ前例が少ない。広葉樹が圧倒的に優勢な風土の飛騨市が将来のことを考えれば、広葉樹の森づくりができるようにどうしたらいいかを何とか考えなければならなかった。

7　森と街からのアプローチ

岐阜県の林務行政には早い段階から海外のフォレスター制度に関して研究熱心な人たちがいた。その中でスイスフォレスターを紹介する佐藤さんと出会い、ワークショップに参加して、飛騨地方に近自然森づくりを紹介することとなる。

2012年に県主催で飛騨市の森林を舞台にロルフのワークショップを開催したのち、以後2016年まで継続して主催を変えながらロルフのワークショップが開かれている。飛騨市森林組合は毎年この研修に参加し、2015年は組合が主催する形で研修が行われ、組合の作業班全員が参加しての組合研修となった。また、その間に数名がスイスまで研修に出かけている。

ただ、広葉樹が市内の森林の大勢を占めるとはいえ、2割ある人工林での仕事の方が需要としては圧倒的で、広葉樹林を扱う仕事はなかなかなかった。しかし、研修を続けてきた蓄積が生かされる流れが起きた。飛騨市が「広葉樹のまちづくり」を掲げたのだ。「広葉樹の森づくり」ではなく、「まちづくり」。街の動きとしても「地域の重要な資源としての広葉樹」に目を向け出したのだ。

始まりは、「初めに広葉樹の森ありき」ではない。地域林業の打開策とか、業界の将来のためにという発想ではなく、飛騨市の今後を考えていく中で、地域の財産、持ち味は何か？　と見つめたときに、そこに圧倒的な量の広葉樹の森が広がっていること、さらにそれを使える仕事人が地域にはいること、が浮き上がってきたという。

これを打ち出したのは飛騨市役所の企画課だった。企画課の竹田慎二さん（2016年度時点）は、生まれ育った飛騨の将来に思いをめぐらす中で、日本中の他地域とも共通しているが、ここに生まれ育った人が成長後外に出てしまうことと、新たに人が入ってきにくいことで二重に人口が減っていく危機感を持っていた。飛騨生まれが飛騨でずっと暮らしたいと思い、また新たな移住者が「飛騨はおもしろそう」と魅力を感じてくれるには何をしたらいいのか？　と考えてきていた。

そんな中で出会ったのが、現在飛騨市が出資者の1人となって設立した通称ヒダクマ（正式名称：㈱飛騨の森でクマは踊る）の松本剛さんだった。松本さんは、もともとは㈱トビムシの一員だ。不思議な名前が飛び交うので少し頭がクラクラするかもしれない。

トビムシは、森林を中核に置いた地域再生を、依頼された地域と共に実践する会社だ。会社の業務内容をＨＰから引用すると、「トビムシは、人材・資金調達・流通加工と、林業と地域を再生させるための戦略的な展開をおこないますが、地域ごとに取り組みの内容やパートナー、トビムシの役割は異なり、それらもまた変化していきます」とある。

今までの地域再生や地域起こしは、コンサルティングという形のアプローチが主流だった。現状を分析して可能性に光を当てて、提案する。しかし、長期にわたって実践するのは、コンサルをしている人たちではない。一方トビムシは、プロとして現状分析や可能性の抽出や提案をすると同時に、それを実践するために地域に移り住んでしまうやり方をしている。地域に密着して当事者として「地域と共に」汗を流す形を作り出した、と言ったらいいだろうか。その先行事例であり、成功事例としてトビムシの名前が知られるようになったのが、岡山県の西粟倉村《にしあわくら》で設立した㈱西粟倉・森の学校だ。村の人工林（村の森林の85％を占める）の活用を、さまざまな材と森林の出口づくりを通して移住者を増やし、多くのメディアで紹介されている。

竹田さんは、このトビムシの動きに注目して、㈱森の学校のように飛騨市と共に動いてくれる会社の設立にエネルギーを傾注してきた。飛騨市、トビムシ、そして㈱ロフトワークという3者の出資によってヒダクマは2015年に設立された。ロフトワークは、さまざまなデザイン（モノだけでなく空間や流通、コミュニケーションなど多岐にわたる）を提案する会社で、実験的なモノづくりがプロでも素人でも気軽にできるファブカフェという工房とカフェが一体化した場を運営している。

ヒダクマは飛騨市の街の中で、同じようにファブカフェを運営しているが、地域の広葉樹材を加工できるだけでなく、3Dプリンターやレーザーカッターなど、一般では所有していないような道具類を装備して、モノづくりが楽しめるカフェと宿泊施設になっている。これらは、広葉樹林の活用のために手入れで出てくるであろう成熟していない細い木の活用を念頭に置いてのことだった。つまり、森の利用の出口を広げることが1つの柱にある。

8　広葉樹でまちづくりを

かくして、地域に圧倒的に広がる広葉樹を軸に、森の側からのアプローチと街の側からのアプローチが連携できる状態がスタートラインにつこうとしている。2016年度には市内の広葉樹の詳細な資源量や利用可能性などの調査が行われた。また、市有林の広葉樹林で飛騨市森林組合がこれまで学んできた育成木施業を行い、そのとき伐採されたライバル木をヒダクマが加工して商品化するという連携事業も実施されている。これらの集大成として、飛騨市が今後「広葉樹のまちづくり」に向かう姿勢を対外的にも示すシンポジウムが2017年3月に開かれた。

その中で、調査によって市内の4町それぞれに広がる広葉樹林の樹種の特性があきらかにされた。

面積的には市内の民有林の約7割（伐採跡地含む）を占め、ミズナラが中心（多く占める）、ブナが中心に構成されているタイプの林が面積の8割以上を占めている（図3）。それぞれの林にはもちろん他の広葉樹——ホオ、クリ、イタヤカエデ、シラカバ、トチノキなどなど——が入り混じる多様な顔ぶれで、特にミズナラ林にはより多くの樹種が育っていることも明確になった。

現状の総資源量があきらかになり、さらに、具体的に利用可能な量（道が敷設されていて人が入りやすい場所の暫定量）が推測され、今後の利活用に向けてのデータがいくつも示された。また、市内の河川には渓畔林が多く残されていて、これらの広葉樹林と共に清らかな水を育んでくれる背景が調査によって示されるのが印象深かった。

その内容は、基調講演で畠山重篤さん（NPO法人森は海の恋人理事長　牡蠣養殖業）が聴衆を感動に引き込んだ前段の話と呼応した。広葉樹林の多様な葉っぱがつくり出す腐葉土に含まれるフルボ酸、それが鉄と結びつくことで森と川と海とをつなぐ恵みの鍵が科学的にわかってきていると話された。自然の恵み、と一言で片づいてしまう言葉の裏側に、自然界のメカニズムがどのように働いているか、劇的な出会いにも恵まれた畠山さんの、実直でユーモラスな語りがその日集まった250人を超える人々に沁みわたった。

そういう豊かな広葉樹林を持つ飛騨市で、これから本格的にどうやってより良い森づくりと、そこから出てくる多様な材の扱いを連携させて展開していくのか？　このシンポジウムは2016年度の集大成ではなく、これでようやくスタート地点に立ったと認識しているとする都竹淳也飛騨市市長が

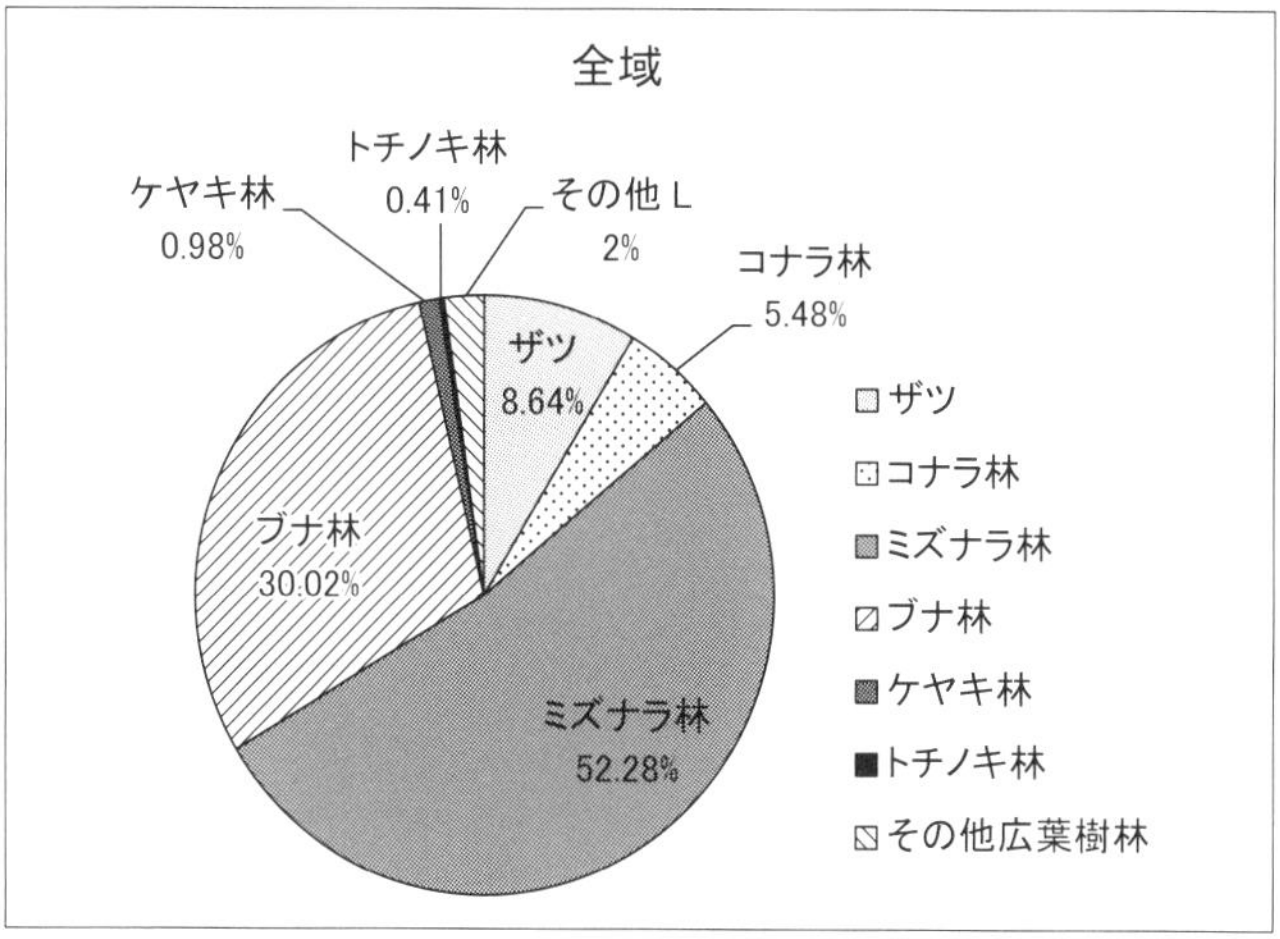

図３　飛騨市内の広葉樹面積割合
大勢を占めるミズナラ林、ブナ林の中に多様な樹種が混ざっていることが報告された。
アジア航測（株）　飛騨市広葉樹資源量調査業務委託報告書概要版　（平成29年２月）を改変

発言したように、森側と街側が、両輪で動くようになるのはこれからだ。

飛騨市は２０１７年度、新たに林業振興課を創設した。企画課発案で始まったこの広葉樹のまちづくりの本格的な実践を担う部署と位置づけられている。発案者の企画課職員だった竹田さんはこの林業振興課に異動し、引き続き事業を進める。さらに、２０１２年にスイスフォレスターを岐阜県に招聘して県内の一連の動きを仕掛けた県の林務職員、中村幹広さんが交流人事でこの課の課長として着任した。「このまま一気に進みなさい」と言うかのような人材配置で、飛騨市に追い風が吹いていると思えてならない。

8章　まかれる種

1「いい山」にするために

川合寿人さん（2016年取材時、豊田森林組合森林整備課　現在総務課）が山脇さんの話を聞いたのは、河川についての講演会でだった。組合専務理事の林富造さんを誘って出かけたそこで、川合さんは「今、世の中は価値観が変わっている」という話に強く引き込まれた。そして最後にちらりと近自然森づくりがあるという話とスイスの森のスライドを少し見せられて「ああ、もっと知りたい」と上手にのせられていった。2015年のその年、岐阜県の高山で開かれたロルフのワークショップの視察に参加させてもらい、初めて育成木の考え方を知る。

「自分たちは補助金の関係で40％伐るという、良くない木を選んで伐るやり方をしてますが、それと180度違っていて。見に行った高山では広葉樹が主でしたが、これは人工林でもできるんじゃないかと思ったんですよね。将来育てるいい木を選ぶやり方を、よしうちらはそれを独占しよう（笑）と

図１　合併で広大な森林面積となった豊田市。そのほとんどが民有林で、防災面だけでなくより良い木材生産にもつながることを期したロルフのワークショップ。

思って、だったら直接自分たちのところで教わりたいなと」と、ロルフを豊田市に呼ぶことを具体化し始める。

組合の運営の鍵を握っている専務理事の林さんを講演会の段階から一緒に連れ出して理解者にしておいたので、話を進めやすかった。林さんは、高山での視察で川合さんをしのぐほどにロルフワークショップに熱心になった。それは、林さんが生業とした花卉栽培で水問題に遭遇し水質が植物の生育に多大な影響を及ぼすことを、徹底した現地・現場の観察で原因をつきとめて最初の危機を乗り越えたという経験がロルフの「観察、観察、観察」に大きく反応したからだ。「現場を見ずして判断してはならじ」というような姿勢を林さんも持っていたのだ。

さらにロルフの参加者とのやりとり、育成

木という考え方、環境と経済の両立のさせ方、など学べる要素がたくさんあったという。特に、森林組合としては、環境に対する市民のニーズを満たしながら木材生産（経済）もあきらめないやり方は、林さんが声を大にして言いたいことだったという。

「豊田市のそれまでの考え方は、あの東海豪雨（２０００年）を原点にしていて、とにかく防災のための森林整備。なんであの災害が起きたか？　20年も30年も放置されて山の手入れがちゃんとされてなかったから、それで森の健康診断とか、現況調査をちゃんとしてね、やったりしているんですよ。それはすごく大事なことだけど、それはマイナスだったものをゼロにするだけでね。市民の安全で安心な生活を守るのは防災のみを重点に考えていて、何でも4割間伐して手入れ不良林の一掃のみが目的化された経緯がある。それはより良い山にするっていうんじゃない。そこに市の視点はないんだ。だけど我々森林組合は森林所有者のための組織で、ゼロにすればいいんじゃなくて、そこからもっといい木、いい山にすることが所有者のため。先人が将来子孫のためにと汗を流してきたことを行政は忘れている。そこをやらんとダメなんだ。そのためには、価値ある山は経済的にも公益的にも効果があることを市民と森林所有者が共に共有する必要がある。そこをやらんとダメなんだ」と林さんはプラスアルファのいい木を育てる森づくりはどうしたらできるかを語る。

現実的な課題がさまざまにあるが、喫緊は境界の確定と所有者との長期施業委託契約を結び、組合が継続的に管理できる面積と場所をきちんと確定して単発ではない長期的経営基盤をつくること。１つの作業をするかしないかのそれまでの契約では、いい山（森）づくりはできない、と。これに向けて組合としていくつもの策を立てて実施してきた。

一方、そういう「いい山づくり」の方針は、豊田市の人口42万人のうち、圧倒的多数の40万人が都市部地区に暮らしている中では、市の森づくり方針とズレがあったと林さんは言う。先のマイナスをゼロにするまでか、ゼロをさらにプラスにするところまでか、というような考え方の違いにそれは現れるという。これまでならば「環境」か「経済」かの対立の様相を呈してしまいかねないスタンスの違い。

しかし、2016年に開催されたロルフを講師にしたワークショップを引き金に、その年秋には森林組合の川合さんともう1人、豊田市の産業部森林課の職員2人の4人チームがスイスとドイツの視察にも出かけた（市の海外視察は、もともと以前から計画されていたがそこにスイスが含まれた）。豊田市の森林整備課と市に唯一の森林組合組織とが、新しい「両立」の森づくりに向かって模索し出している。

2　自治体にも変化の兆し

豊田市の産業部森林課の鈴木春彦さんは、ロルフのワークショップに対して「基本的なことを愚直にちゃんとやっているな」とまず思ったという。何かすごいことがされるのではなく、森林を学ぶ人ならみな知っているようなことをちゃんとやる。しかし、次第に「日本ではどれだけその基本がちゃんとやれているのか？」と振り返ることになった。そして、実はその基本をちゃんとやることが本当は重要なんじゃないか、と考えるようになったという。

さらに秋のスイス、ドイツ視察では、育成木施業と木材の販売に対してヒントを得てきた。日本で育成木施業のワークショップを受けた段階では、今の日本では大径木が高く売れるわけではないので、（太く大きく育てても……）と思いがちだった。ところが、実際にヨーロッパでは広葉樹の大径木は高級家具の化粧材として高値で売られていること、並《なみ》材と呼ばれるような付加価値の高くない材木は日本以上に安価であるけれど、この大径木の高級付加価値材と、枝葉やら細い木やらがチップでバイオマス利用され、と伐採した木々はすべて利用するカスケード利用がしっかりあることをその目で見た。

「現状では、日本では大径木は売れないとか、広葉樹は林業にならないとか、今は言われてますが、可能性は今後にあるなと思いました。今すぐ大径木ができるわけではないし、広葉樹にしてもそう。でも、それを見越して今から販売ルートをつくるなど、とにかくモデルがやはり必要だと思いました」と、現地に出かけて実地で見たことで将来をめざして今何をすべきかを考えられた利点をあげた。

そして、それに向けて動くためにもっともしなければならないのが「教育だ」と浮かび上がってきたという。市が委員会方式で策定した100年の森づくり構想は、質の高い良い内容だと自負している。しかし、構想から10年を迎えるにあたって実現が及んでいない部分も多いのは、「結局はそれを具体化する人材が育っていないことが大きな要因」と明確になってきたという。これは、豊田市に限らず、日本中で共通している傾向だ。構想としては素晴らしいものができるのだが、実際に具体化するとなると、先の境界確定の問題や資源量の把握などから始めなければならない実態と、森林に関わる広範な知識と技術を身につけた人材が現状では多くはないという構造とに阻まれてしまう。林業がこの数十年低迷していた中で取り残されてきた課題に向かわなければならないのは、大なり小なり日本中で共通しているだろう。しかし、そこにしっかり軸足を置くかどうかは、なかなか難しい。

鈴木さんは、スイス、ドイツの視察で人材育成にいかに確固とした教育システムが有効かということを強く自覚して帰ってくることになった。

3　現場で学ぶ体制づくり

特に、スイスでのデュアルシステム（5章参照）に可能性を感じてきたという。学生だけど学生とは言い切れないほど現実の職場で身につけるやり方が、実効性をとても高めていると感じたそうだ。そして、森林組合の内部で働く職員の教育はもちろんだが、現場で働くワーカーの人たちがしっかりとした森林に対する基礎的な知識と共に技術を身につけることが、「今後の森づくりの発想を広げるためには欠かせない」と思ったという。

スイスでは社会の中にこのデュアルシステムが定着している。実効性が高いと思っても、では同じデュアルシステムを日本で、というわけにはいかない。また、現在いろいろな県でつくり出している林業大学（形態はさまざま）に対しても、鈴木さんは疑問を感じている。初めに学校ありきだと、日本の場合「学生」のままで終わりかねない、と。「あの、学生のようで学生ではない中途半端さがいいんです（笑）」と現場に中心がある学びの形態をなんとかつくれないかと思案している。

「林業大学の話は県産材の流れとよく似ていると思うんですが、県という行政単位が市場や教育の枠組みになるのは、ユーザーからするとおかしいなと。スイスだって全部の州に（学校が）あるわけじゃないですよね。だから教育だから即学校をつくりましょう、ではなくて、それは経費的にもですが、卒業生の就職先や誰が教えるのかとか、いろいろ現実の課題があると思うんです。学校をつくることよりも、現場で学べる体制をどうつくれるかの方が大事かなと」という指摘はうなずける。目的は学校ではなく、「知識と技術を身につけられる教育」という明確さはわかりやすい。

そういう実質の現場教育・研修体制こそが森林の教育の鍵、という見方をすると、いかに、現状の仕事と教育体制をうまく連携させるか、を考えることになる。たとえば、森林組合に新しく入ってくるワーカー、および組合職員は、数カ月に1回の割合で何週間かの研修を組み込む。その中に、1年時にはこれとこれのカリュキュラム、2年時にはこれとこれ、というように何カ年計画での教育体制があってもいいのではないか、と。

そしてその教育・研修機関は、より求める教育に適切な機関をリサーチしたり、こちらの要望に協力してもらえる体制づくりをしたり、など既存の大学や研究機関、あるいは別な職場などの活用もありではないかと考える。自分たちのニーズが明確になれば、それに対して必要なものを編み出す新しい教育体制づくりもありえる、とさまざまに目的に合わせた柔軟なアイデアが湧いてくるようだ。

先の森林組合の林さんも川合さんも、現場に入る人、内部職員、ともどもに「森林の専門の学校を出た人の有用性」を共通に語っている。「身体が違い、考え方が違う」と。現在豊田森林組合の現場で働く人の6～7割がIターンになっている中、深刻な課題として「身体がついていかない、しばらくするとボロボロになってしまう」というものがあるという。現場で仕事に慣れれば身体ができる、とはもはや言えない実態がそこにはあるそうだ。きちんと教育、研修に身体づくりを組み込まないと、仕事の継続性は見込めないとふんでいる。2人とも、今後の組合の存続には教育体制づくりが重要という点では、鈴木さんの考えと一致する。

また、林さんは「林業作業者の安定した雇用には、それこそ安定した所得に社会保障が必要であることを声を大にして言いたい」と強調する。改善されてきているとは言え、林業現場で働く人たちの労働条件は今でも不安定な側面が大きい。技術や知識を身につける必要性があちこちで言われる中、昔から指摘されている労働条件の改善もまた、さらに進められることが忘れられてはいけない。

平成の大合併によって膨大な森林域を擁する豊田市（市域に広がる約6万haの森林は、ある県の全森林面積にも達するほどになる）のような市町村が、今、日本中でいくつもある。そういう市町村自治体は、これまではいなかった森林の専門の職員を、豊田市と同じように置くようになってきている。国か県にしかいなかった（それとごく一部の林業優位の市町村）森林の専門職が、他の部署に移動することなく市町村の森林に継続して関わるようになりつつあるのだ。

それ自体が変化の兆しだが、さらに現場を筆頭に森林に関わる職種に実践に即した教育が重要だと考える自治体が出てきていることが、林業の人材育成の変化を加速する期待を持つ。現場と行政のスタンスの違いや目的の違いはあれども、同じテーブルについて目標を共有していこうという視点を持つ豊田市の動き、注目したい。

4　実習で変わる高校生

岐阜県の飛騨地方でロルフを招聘するようになって2016年で5回目となった。現場、内容、参加者は毎年変化する中で、半日という短い時間ながら毎年ワークショップを受け続けているのが岐阜県立飛騨高山高校の生徒たちだ。普通科と専門科（以前の職業系学科を現在はこう呼ぶ）が併設されるこの学校に3つある専門科の1つが農業科。農業科の中はまた3つの小科に分かれていて、その1つが環境科学科となる。1年生は必修で農業を学ぶが、2年生になるときにさらに土木コース、森林コースと2つのコースを選ぶ、というように編成されている。

ロルフのワークショップは2013年の最初の年は希望者だけが、2年目からは森林コースの2、3年生が全員参加する形になった。2016年は、15人の3年生のうちで森づくりを課題研究にしている6人がゼミ形式でプレゼンテーションを行う形ですすめられた。残りの2、3年生と、この年はさらに1年生も加わり、ゼミチーム以外は見学者という形で参加した。ゼミチームは学校にあるヒノキの演習林とその演習林下に広がる広葉樹の若木の実習林の2カ所をテーマに現状を分析し、今後の目標を考え、決めて、そのためには何をどうすればいいか？　をロルフのワークショップ当日までに実習をして話し合ってきた。それをワークショップ当日現場で発表して、彼らの提案に対してロルフからアドバイスを受けるのだ。ワークショップが終わったら、今度はそのアドバイスにもとづいて、演習林の作業を引き続き継続するという実践的な流れが組まれている。

このとき発表したゼミチームの3年生6人は、2年生のときにロルフから土壌と微生物の話を聞いている。斜面に広がるヒノキ演習林はすでに100年を超えているが、植えたのではないアカマツが後から林内に入って育ち、見方によってはヒノキよりも成長がいい状態になっている。クリやホオの広葉樹の若木が数本あるが、土壌を覆うような他の植物は生えていない。また、切り株後や枝打ちの状態などから40年前ぐらいから放置されていた状態だと分析された。結果的に現状のヒノキは目標とは離れた状態にあること、ヒノキ林の将来を考えると生産林としてヒノキだけの長伐期にするのではなく、抜き切りして利用しながらゆっくりと環境面への配慮ができる針広混交林へと誘導したいとゼミチームは発表した。

その誘導策として、抜き切りした後にあいた空間に演習林下の広葉樹林からの種の自然散布を期待できるか？　また、天然更新するために自分たちができることは何があるか？　というテーマでチームはプレゼンを構成してきた。

ロルフは、いつも実際的、具体的に語り、対話をしていくが、相手が高校生となったとき、どれももう一回りずつアクションが大きく、大人に対するよりもより気を使っていることが見て取れる。さらに通訳の山脇さんもふだんよりももっとこまめに補足を加える。2人とも若者に対して一層熱い研修となった。

ロルフは、真っ先に「森にこの目標を設定したことが素晴らしい！」とほめることから話を始めた。ヒノキ林に誘導したい広葉樹の母樹はどこにあるか？　ヒノキ林の下にある。下の林にある種や実は、果たして上の森林にどんな影響を持つものか？　それを探るには、種や実はいったいどうやって新たな地で芽生えるか？　を知らないとならない。さまざまな種や実があることが生徒たちとの対話で出てくると、「果たしてそれらはどうやって運ばれるものか？」と一つずつ問うていく。たとえばクリ。「クリを食べたことがある？　どんな形をしている？」と一見、小さい子に尋ねているかのような質問も飛び出す。ロルフと生徒たちのやりとりが行き来するうちに、ロルフがあらためて言ったことで（なるほど）と思ったのは、「自分ではもう知っている、わかっていると思うことでも表現してください。言葉にしてください」と言ったときだ。

自分の中で理解している「つもり」、知っている「つもり」になっていることがいかに多いか、ということが他のワークショップの中で繰り返し出てくる。それは、これまでの日本での大人たちのワークショップや研修で毎回のように「表現に慣れていない」ことに直面するうちに、ロルフは意識的に「表現する」練習としても対話に時間をかけている節を感じる。だから、若い高校生には今のうちにその重要性をわかってもらおうとしているかのように見えた。それは、本当にささいなことの繰り返し、あるいはささやかな表現でも、口にする、という実行の積み重ねがものを言うのだった。

5　自分たちも自然の一部

風で飛ばされるもの、リスやネズミなどの小動物に運ばれるもの、鳥が食べてフンから出てくるもの……。さまざまな芽生えのスタイルがあることがやりとりの中から少しずつ出てくる。生徒たちにピンとこないものは、たくさんのヒントを出して、それでもロルフが初めから「これとこれです」というような答えだけを出すことはしない。さらに、それらはどんな花をつけ、いつごろから種や実をつけることができるのか？　何十年も待たないと母樹にならない、というわけではないことが少しずつあきらかになる。

そういうやりとりを丁寧にすることで、あらためていろんな木々にいろんな種と実、そしてその繁殖のしかたの多様なこと、繁殖を始める時期などが浮き彫りになる。

「つまり、広葉樹のことをもう少し勉強しないとならないね。みなさんがここに立てた目標を成功させる鍵は、もっと木のことを勉強することだよ」とこれら具体的なやりとりの後に、そう言った。けれど、時間をかけたやりとりをする中で、当の生徒たちが思っていたにちがいない。（ああ、広葉樹のこと、具体的なことをなんて知らないんだろう）と。

相手から話を引き出して、それを伝えたい（教えたい）内容と重ねる、というやり方はもう何度もロルフのワークショップで見てきたけれど、高校生を相手にしたとき、その重要性をあらためて見る気がした。受け身で、ただ聞いているのと、対話を通して彼ら自身に発見させていくようなやり方とでは、体の動きも表情も違うからだ。それがわかりやすかったのは、当事者としてロルフと対話をしているゼミチームと、そのやりとりを観客として見る他の生徒たちとの表情の違いが鮮明だったからだ。

後日、環境科学科の主任で森林が専門の穂波輝樹先生から話を聞くと、対話式で学ぶ側から引き出すロルフのやり方を生徒たちに直接体験させたくてロルフを招聘したとも言えるほど大きなポイントだったという。

「日本の場合、学校というか、習う側がどうしても受け身になるやないですか。それが、何年前かな、初めて参加させてもらったとき（ロルフの飛騨での研修）、選木して、なんでそれを残したいのか、（選んだ人が）理由や説明をしてたのが、『あ、これはいいな、おもしろい』と思ったんですよね」と、当初は自身の勉強のためにと参加させてもらった初めてのそのワークショップで、ぜひ生徒たちを直にロルフと会わせたいという思いに変わったという。

それは、ロルフの「授業」のしかたが日本で欠けがちな部分だと思ったことに加えて、森に対する捉え方、理解のしかたが総合的だという点も大きかった。「原点、本質的な森の話がされている」と強く感銘したのだ。

「一斉の人工林のつくり方を自分は否定できませんし、時代としてはそれを担わないといけないことやったと思うんです。戦争をはさんだことによることもあるし、あのころは工業的な考えもあったと思うんです。でも、ロルフさんの話はもっと森の総合的な、本質的な原点が話されていて、それはその土地にもっとも合ったものが育ちやすいし、ある程度いいものにもなるし、バランスいうのかな、とても理にかなっていると。それって日本でも適地適木とか、もともとはあった話やと思うんです」

1つの時代として一斉の樹木の森づくりをしてきたけれど、今はあらためて森をもっと総合的に、原点の存在として捉えて関わる時代になっているという思いは、高校で生徒たちを教える中で常々感じていた。自分なりにそれを伝えてきているつもりだった。その思いがロルフの研修に参加して、飛躍した。そういう大きな存在としての森と関わること、学ぶことが、森林や林業の仕事につかなくても「いろいろなアイデアが持てる価値が森にはある」と生徒たちに伝えたいし、自身もそう努力できる。

初めてロルフの研修に参加してから、穂波先生は生徒の話を引き出すように、対話を心がけてきているものの、ロルフに毎年会うたびあらためてそのうまさを感じるという。

生徒たちの反応はどうだろうか？

「すごいおもしろいと言いますし、彼らはもう当たり前に、自分たちを自然の一部として位置づけるようになります。自然を全部自分たちの手でどうこうするんやなしに、自然の力を借りるゆうかな、どうしたら自然に逆らわないようにできるのかと考えるようになりますね」と生徒たちの柔軟性をほめる。

ワークショップで発表をした6人の3年生のうち、東屋大貴さん（卒業後、白川村役場職員）と横川慶和さん（同じく中部森林管理局　木曽森林管理署勤務）の2人と半年後に会うことができた。訪ねたときは、ちょうど初夏のロルフとの課題研究のその後に取り組んでいるときだった。ワークショップを受けた後、事前に決めた目標林型（将来のめざす森の姿）と、それに従って選んだ育成木の全

面見直しをしたのだという。理由は、

「演習林は全部1つの施業でどこの山でもうまくいくという考えだったんですけど、ロルフさんに一つ一つ山も木も違って、その場所場所で合った施業方法を考えないといけないって（言われて）。今考えればそれは当たり前なんですけど、そのときは衝撃的で、これまでのやり方じゃダメだってあためました」という。以後、再び調査をして育成木の選木をして、実習林の方ではそのライバルの間伐が終わったところだという。演習林の100年を超えるヒノキ林についての間伐はまだ行っておらず「まだ技術が伴わなくて」と恥ずかしそうに2人は言った。実のところ、森林系の高校でそこまでの実習をする学校は今では少数派になっているので、彼らが継続してプランニングも実習作業もできることに驚いた。

ワークショップのときにも、事前に自分たちで考えて方針を決めてそれに対するアドバイスをもらうというやり方に感心したが、ロルフから得たアドバイスを継続実践できることが素晴らしい。聞くだけで終わるのと、聞いたことをやってみる、というのは雲泥の差がある。そして、2年、3年と続けて話を聞けていることと、課題研究チームとしてこのように実践をしていることが彼らにもたらしているものが見えてくる。

6　つながる、つなげる視点

正直に言うと……と前置きして語ってくれたことは、彼らは2年生のときはロルフの話についていけなかったという。「何を言っているんだろう……?」とわからないことがたくさんあったという。2年生のそのときは土壌の話がたくさんされて、彼らには「土壌は大切」という認識はあったものの、「大切だから、何をどうしたらいいのか、しない方がいいのか」という、その「大切だ」の先につながる考え方や行動は、まったく見えないし思いもつかないことだったという。

「大切だ」から「どうする、しない」のためには、そもそも「土壌とは……」の土壌自体について知らなければならないという流れになる。先の、広葉樹の種がどう上の演習林に散布可能なのか? と構図は同じだ。しかし、2年生のそのとき、そもそもそういうある1つの事象に対して、さまざまなつながりや連動する事象とセットで考えるということができなかったと彼らは言う。

「でも、ぼくらに真剣に教えてあげたいっていう(ロルフさんの)感じがすごく伝わってきて。あとは、話されているときの生き生きした様子が、すごく印象にあります」

「そう、楽しそうに話されているのが」

「実際に土を触ってみて、うーんと考えている姿とか、自分たちのために何か教えてあげたいと真剣に考えてくれている感じで、その後にニコッて笑って自分たちに簡単に、わかりやすいように説明してくれる姿がすごく印象に残っています」

と、話の内容の理解よりも、ロルフの持つ雰囲気、応対してくれる様子が強く心に残った最初の年は、いわば取り巻きのように話を聞いていた状態だった。今年の、ゼミチーム以外の生徒たちもそういう様子に見えた。

3年生になって、森づくりチームとして実際に演習林の計画づくりや作業をする段になって、「ロルフさんの話してくれたことが『あ、そういうことやったんや』と、少しずつわかるようになってきた」と言うように、ここでも「聞いただけ」と「聞いたことをやってみる」とで大きな違いが生まれている。

「見方が変わりました。土壌は土壌、というだけでなくて、土壌には何があるのか、それをつくるためにはどうしなければいけないのか、とか何が必要なのか、とか、ものを1点だけでなくて、少しずつ、少しずつ、広い観点から見れるようになったんじゃないかなと思います」

「たとえば、教科書にそういうことが載っていたとしても、ああそうなのかとしか思わないと思うんです。結局何も変わらないということがあると思うんですが、現場で働いている方が自分の知識と経験をふまえて話してくださるということは説得力がありますし、自分たちも試しにやってみよう、という思いにもなって……」

それは実に大きな気づきだ。

「言葉に表すのは少し難しいんですけど、1つのことを見るんじゃなくて、これをやったら次、周りがどう変化するのかとか、これは社会に出ても使えると思うんですけど、どれをどうしたから次はどうなる、とか、今でもまだ自分あまりできなくて、意識はしているんですけど、日常生活でしようとするとなかなかできなくて叱られてしまうこともあるんですけど、ロルフさんから聞いて、ぼくは森だと、これはどういう木だから、これを伐るとその後どうなる、森があきすぎて危ないんじゃないか、とか、そういう考え方を広げて見ることを学んだと思います」

生態系は、まさにつながりによって成り立っている。そのことは、おそらく「教科書」的には知識として読んだり、聞いたりしているに違いない。けれど、それがまさに「つながっている」と実感できること、その「つながりを強めたり弱めたり、切ってしまったり」という状態に、自分たちの関わり方が影響するということを彼らは実感しだしていた。その連動をより良くするための森の仕事のしかたがあることを、彼らはロルフから学んでいた。

「ロルフさんが最後に言ってくれた、『こんなおもしろい仕事はない』という言葉なんですけど、ぼくは山に実習行ったりすると、えらい（きつい）なあとか坂の勾配が強いなと思ったりして、疲れたなと思うことがほとんどどというかずっと、実習している間も残っていたんですけど、ロルフさんが行くたびに新しい発見がある、と言った言葉を聞いてからは、ほんと見方が変わって、あ、この植物はこの間来たときは発見できなかった、とか、あ、こんな紫色のキノコなんて見たことないぞ、とか、そういう（風になった）。確かに実習しているとえらいことがあるんですけど、その中におもしろさを見つけることができるようになりました」

そう語ってくれた横川さんは、もともと林業への就職を考えていたが、これ以後もっと林業の仕事に就きたいと思うようになり、念願かなって、希望先に就職が決まった。彼のこの「つながる、つなげる」視点、全体を見通して目の前の仕事をするための萌芽が、これから飛び込む林業の世界で無事に育っていけることを願う。

9章　地域に根ざす人

1　地域の中の森林

スイスでの近自然森づくりは、地域社会にとって森林の価値をさまざまに最大に発揮させるためにどうするか？　という枠組みがあることで生かされている。そこでは林業という一産業のため、という発想ではなく、地域社会に求められる森林の価値を最大化するために林業がどう役に立つか、というあり方が強調される。きれいごとで言うのではなく、それが林業が生き残るためには残された道と考えたからだ。こんな予測の難しい自然を相手に、知識と技術が必要な専門の仕事ができる業界がなくなったらみなさん困るでしょ？　林業をないがしろにすると損ですよ、こんな感じだ。

とはいえ、そういう戦略を使っていても、一般の人たちの林業に対する理解はまだまだだという。市民は森林の価値を評価し、森林に日常的に触れて親しみは持っているものの、林業が森林の維持に役に立っている、という結びつきを知る人はずっと少ないという。しかしだからこそ、まだまだ開拓の余地あり、といろいろな試みがされている。
日本でも7章の利賀や飛騨市のように「地域の存続のためにも最大の資源の広葉樹林を生かそう」という発想で動いている地域が出てきている。「広葉樹では食えない」という林業の現状からはなかなか出てこない発想だった。1つの産業の振興が前面に出るのではなく、地域が持続するために考えられる枠組みの中で林業がどうあれば互いにいいのか？　という順番で出てきているのが共通している。課題は多く、未知数のことばかりだが、地域の存続と地域の資源であり自然条件である森林をどう扱うのか？　という問いは、とても本質的なものだと思う。その問いに、どう応えられるのか？が林業が地域で不可欠な産業になっていく鍵ではないだろうか。

地域全体を考えるということになるとき、あらためて現場フォレスターのような役割の存在の意味が見えてくる。地域の環境を壊さない、いや、むしろより良くするための管理の部分と、経営する森林から収入を得るための手立てを多方面から考える人が同じであることで、バランスをとりやすくする。どの分野にいても、そこに森林が絡むならば森林の専門家たる現場フォレスターに聞き相談すればいい。相談できる人が一貫していることの利点は大きい。もちろん、5章で触れたように、現場フォレスターは一連の役割の中の1つであり、他の役割が互いに連携してそれぞれが機能するように組まれていることも忘れてはいけないポイントだ。

日本では、現在そういう明確な役割が森林の管理や経営に位置づけられていないので、制度的な仕組みにはなっていない。ヨーロッパ型のフォレスターをめざして構想された日本版フォレスター、森林総合監理士は、さまざまな流れで現在の林務行政の枠内にとどまる部分が大きい。管理と経営の責任を持ったり、地域に根ざす継続性が確保できる状況にはない。

しかし、森林総合監理士は行政職員でなければなれないのではなく、民間でも森林の専門性を持つ人が資格を得ることができる点に望みを託せる動きがある。

2 日本版現場フォレスターをめざして

地域に根ざすフォレスター的役割を担いたいとめざす人がいる。岐阜県の郡上《ぐじょう》市で林業会社の社長をしている小森胤樹さんだ。2012年にロルフのワークショップに参加し、その後もドイツやオーストリアの海外フォレスターの仕組みを知ることで、地域の森林に多様に関われる存在に「なりたかったのはそれ」と思って動いてきている。2016年には民間人としてまだ珍しい森林総合監理士の資格を取得した。この資格があるからといって現状では先述のように森林管理と経営の責任を持つ形をとれるわけではないが、将来的にはそういうあり方が地域で独自性を持って実現する可能性を見越して取得した。一民間企業の社長ということでは、地域の森林についてまわる公的な部分に対する信頼を得にくいと考えて、資格を持っていることが大事だと考えたという。

その社長業、代々の郡上市出身ではなく、跡取りでもなく、一社員から社長を引き受けている。小森さんは2002年にIターンでその林業会社に転職して郡上市に来たのだ。小森さんが学んだ専門は化学で、それは、環境を破壊したのは科学（化学）技術だから、環境を守る仕事につくためには化学を知らなければ、と考えたという。しかし、化学の専門性で環境を守る仕事にたどり着かなかったことから、もっと直接的に環境に関われるものとして林業に転職することを思いつく。自給できる天然資源がないと言われ、加工業で経済発展してきた日本で、仕組みさえつくれば自給できる木材という天然資源があるではないか、と思っていたという。その仕組みをつくりたいと考えてのことだった。

そしてその時点では、人工林（針葉樹）しか林業の範疇には入っていないと思っていたという。現実的に、戦後に大きく広げた人工林面積が期待したような循環する状況にまったくなっていなかった2002年ごろ、この人工林が健全に循環するようになることが鍵だと考えていた。個人としてそういう林業経営をしたいというよりも、コンサルタントのような仕事で循環型林業を広める仕事をしたい。でも、「林業現場のことを何も知らないのでは説得力がないので、まずは現場を経験して」と林業会社での仕事を振り出しにした。

目的が、「山で働きたい」というシンプル（?）な動機ではなかったので、働き始めて2年目には、下請け作業で言われるままの間伐をする日常では物足りなくなった。自分で施業計画（どんな作業をするか）を立て、自分で考え工夫して作業をしたいとツテを頼り、300haの森林所有者の森林の管理を任せてもらうことに成功する。「今思えばよく任せてくれたと思います」と言うように、その場所は小森さんの絶好の学び場となる。言われる作業をするだけなのと、自ら考えてやってみるのは大きく違う。何よりも継続してやった変化を観察できることの恩恵は大きかった。現在、短期間で異動せず、継続して森林を見られる地域に根ざしたフォレスターが必要、と考える起点だ。

手入れを始めたころ、（本当にこれから手を加えていい山になるんだろうか……？）と心配になるような状態だった放置人工林も、手入れをすれば確実に良くなることを確認できた。どれぐらいの面積に1人の人が責任を持って見守れるのかの感覚もそこで得たという。

「（スイスで）1人のフォレスターが預かる面積が1000〜1500haぐらいというのも規模感から納得でした」と、机上の計画だけでの管理ではなく、実際にその森林がどんな木々で構成されどんな状態なのかを現実的に把握できる規模をそう見る。

現場で学ぶことが山ほどある中、山での仕事をしているだけだと、現状を一般の人に知ってもらうことができないと感じるようになり、一般の人たちとつながる発信の手段として、林業会社とは別に割り箸製造と販売を始めた。市民活動として国産材を都市の人に使ってもらうためのプロジェクトを有志が集まり、郡上産の割り箸製造販売として県の環境税の補助を受けて始め、5年目に会社組織にした。

そしてこの割り箸をきっかけに都市への働きかけをと動きだしたころに、スイスフォレスターの近自然森づくりやドイツのフォレスター制度を知るようになる。「森林現場にいてコンサル業務をするのがフォレスターなんだ」とそのとき思ったという。

針葉樹人工林の中でしか林業を見れていなかった視点が変わるのも、これがきっかけだった。前述のように、木材の循環利用としての針葉樹人工林の健全化を考えていた中では、広葉樹をはじめ人工林以外の森林について考える視点はなかなか持てなかったという。しかし、フォレスターが森林経営者であると同時に森林管理者でもあること、森林所有者との関わりから材の販売まで幅広くこなす人であることを知り、「現場」に深く通じて技術も知識も持った人が、ずっと一定の森に関わり続ける形に、もともと自分がなりたかった仕事はそれだ！　と思うようになる。

「ロルフさんの地域での役割は、山のことに関するよろず相談役だと私は認識しています。なので、なにか山のことで誰に聞いたらいいの？　となったとき、とりあえず小森に聞けば？　となればおもしろいなあと」

3　枠組みの転換

針葉樹人工林だけを見ていた視点が森林全体に広がったとき、木材をどうしたら持続させられるかという枠から、地域が持続する中で林業はどうしたらいいか、という枠の広がりと考える順番の転換が小森さんには起こる。会社の経営者ということで森林関係のみならず、市のいろいろな委員会や会議に参画するようになっていたことも大きい。

この枠組みにとって必要な動き方は、素材生産に特化した林業会社ではなく出てくる材の扱いと共に森林を多角的に経営することではないか、と考えるに至る。結果、林業会社の経営を他に譲り、2017年に地域の電力を売電する会社（バイオマスで電気をつくり出す会社ではない。あくまでも売電会社）を地域会社として設立することになった。2016年に電力自由化が実施されたが、それを受けてのことだ。この売電会社であがる利益を再生可能エネルギー開発に向けること、その中にバイオマスエネルギーの利用を研究することを位置づけている。

「木質バイオマス利用は熱の利用が鍵になりますが、日本では熱供給の仕組みがありません。そのためにも、最初から電力や熱を供給する会社じゃなくて、日本での木質バイオマスの可能性を研究開発ができるようにするためにもまずは売電会社をつくります」という意向からだ。同時に、他県で始まった森林空間利用とツーリズムで森林整備をする「冒険の森」事業に参画して、それを手がける会社も始めている。

これらの事業には必ず森林の作業が必要だ。それを、林業会社に発注する側にまわることにしたということになる。林業会社は基本的には依頼された作業をするので、請け負う会社ではこうした方がいいという自らの希望で作業をすることはなかなかできない。だから、自分が森林環境を多面的に扱う発注をできるようになることで、林業会社も生かせると考えている。フォレスターが作業をする側ではなく、作業（のやり方も含め）を発注する側であるように、小森さんの中では、これらの経営は森林全体を見渡し管理と経営のバランスをとるためのものとしてある。

現在、市の地域森林整備計画づくりにも携わる中で、これまでなかなかできなかった現状の把握――森林の現状と成長量の正確な調査――を真っ先に組み込んだ。現状を知らずして、計画も構想もない。ただ文言で理想を並べることは避けなければならないと強く戒めた。観察、観察、観察のためにも、現状をしっかり知ることが必要だった。同時に、針葉樹人工林の扱いにくらべて広葉樹林（里山など）の扱いをもっと勉強することが必要だと痛感している。

「過去、日本の雑木林も生活の中でちゃんと持続可能な営みがあったのに、それをドイツやスイスはちゃんと時代時代で近代化した仕組みの中にちゃんと落とし込んできたのに、日本はそれを置いてきてしまった。置いてきてしまったモノをどのように今の時代に当てはめていくのか。それを地域地域でちゃんとしていかなければならないと思うのです」と言う。

人の関わりでできてきた里山を、再び地域で生かすため各地でさまざまな試みがある。木材生産に特化しているのではない分、さまざまな関わり方やあり方がある。逆に言えば、だから難しい。選択肢が広いからだ。そのとき、フォレスター的な立場の専門家がいることで、その調整が森林の専門性を背景にできると「森も人も」の両方のプラスを引き出しやすくなるだろう。

こういう小森さんのような地域に根ざす民間のフォレスター的役割の志向を制度として後押ししようという動きが岐阜県では起きている。地域森林監理士という名前で２０１７年度から県で育成することになっている。小森さんが現在関わっているように、市町村の森林整備計画づくりとその実践に関わる役割で、イメージはずばり現場フォレスターということだそうだ。小森さんの動き方が、岐阜県の地域森林監理士の広がりに及ぼす影響は大きくなりそうだ。

4　森林管理への一本道

小森さんの動き方も幅広いが、広島県でやはり地域の森林管理を担おうとしている宮崎宏子さん

（こうぬ森林管理の会代表、三次市《みよし》）の動き方も長く広い。宮﨑さんは、生き方の軌跡がそもそも森林管理を長年めざしてきた人なので、それも当然かもしれない。そして、地方創生が掲げられてさまざまな人的、資金的な流れが地方に向かう今、宮﨑さんのように地域全体に関わる中での森林管理のあり方は、これからいろいろな可能性があると思われる。何しろ、日本の地方では森林を抜きにしては地域を語れない、というところが圧倒的に多いのだから。

甲奴では、2016年のロルフワークショップが初めての形で開かれている。市民の実行委員会が招聘する形での開催だった。2カ所で行われたワークショップの一つが、宮﨑さんがいる三次市甲奴地域だった。実行委員長を務めた斎藤一郎さん（広島県林業職員だが実行委員会はプライベートで務める）は、広島開催の目的を2つあげていた。広島県は県全体での人工林率が約3割ちょっとで、中国地方の中でももっとも人工林率が低い。そして、20年ぐらい前から全国に広がった森林ボランティアグループが早くにできた県で、グループ間のネットワークも進んでいる。人工林率の低さは森林ボランティアグループの特性にも反映されていて、雑木林の里山で活動するグループが多いという。

斎藤さんの目的の1つは、これら森林ボランティアグループの活動が、近自然森づくりを学べばより実効性が増すのではないかということ。里山や雑木林では、細く若い木々や草の刈り取りなどの「林内をきれいにする」作業に終始するグループが多いという特徴があった。もし近自然森づくりを知れば、すべてを刈るのではなく目的の樹種を育成木として育てることと、気持ちの良い林内をつくることが両立できるのではないかと考えた。

そしてもう1つが、元同僚で今は地域に根づいて森林管理をしているこの宮崎さんの広葉樹の知見と技術を生かしたかったこと。

「今の甲奴の前に、宮崎さんがやはりある地域の森の管理を少ししかけたときがあって、それにしばらく一緒に参加してたんですけど、とにかく彼女の広葉樹の知識がすごくて。しかも、一本一本を丁寧に見て考えているんですが、僕は聞かれてもほんとに何もわからなくて。つくづくもっと勉強しときゃよかったと思ったりしました」

日本の林業の中では確かに針葉樹人工林が特化されている。しかし、スギ、ヒノキ、カラマツ、アカマツ「だけ」と言いたくなるような重きの大きさは戦後の話になる。戦前、さらには明治時代に西洋文明を積極的に取り入れる時代でも、針葉樹林業が主流とはいえ、もっと森林の全体性を常に視野に入れる姿勢はあり、その面での広葉樹施業への試みはさまざまあった。前出の横井さんに教えられたが、それら戦前からの広葉樹造林がなされて今も成長中の森が全国にいくつかある。

そして宮崎さんは、これらの歴史や過去の研究を把握し、現在の研究や技術の動向チェックも余念がない。広葉樹だけの森づくりという意味ではない。その地域の自然に即した森づくり、だ。幼いころからの動物好きからエコロジーへと進み、人間が生きる上で必要な、他の生物との共存ができる人間社会のあり方と技術を探ってきていた。年季の入ったエコロジストなのだ。その中で選んだのが林学。大学院を経て広島県の林務職員になったが、県職にずっととどまるつもりは最初からなかったという。

「とにかく地域にずっといないとダメだと思ったんですね。それと大学で木のことを勉強しても、それが具体的にどう使われているのかを学んでこなかったのと林業現場をまったく知らないので――大学では現場技術の体験レベルの実習もなかった――それらを身につけようと」。県職を辞めるとまずは木工の修業に行った。そこで多様な材の利用のされ方、その利用技術を学び、次が森林現場技術を身につけることだった。

実は、16年前にその現場技術を学びに来ていた宮崎さんと私は出会っている。私が暮らす長野県の伊那に宮崎さんは学びに来たからだ。当時、私は宮崎さんがこんな筋金入りのエコロジストで、森全体を生かした林業をやりたいと考え続けて歩んできたことを知らなかった。

宮崎さんが現場技術の修業を終えて広島に戻ったのは、森林組合の職員としてだ。林業技術を身につけ現場を体験し、木がどのように利用されるかを学んだ上での就職は、これでいよいよ本当に森の仕事ができる、と自身の期待も大きかった。しかし、そこに待っていたのは現場の境界確認、所有者の特定のために膨大な労力が必要な土地問題だった。県職の時代も含め、森林の境界が所有者自身でもわからなくなっていること、森林簿の状況と実態が乖離してしまっているので現地確認が困難になっていること、などはもちろん知っていた。しかし、業務としてその確認作業に追われたときにその「わからなさ」の深刻度は想像を大きく超えるものだった。時間に追われ、結果、体調を壊して退職を余儀なくされる。

せっかく木を使う現場も林業現場も経験して、満を持しての就職だっただけに辞めざるをえなくなったときのショックは大きかった。何とか、この土地問題の壁を越えたいと思う一方で、森林組合から離れてどうやって関われるのか、見当がつかなかった。途方にくれる中でこれならば、と接点になりそうだと思ったのが土地家屋調査士になることだった。年賀状で「なった」と報告されたとき、私は宮﨑さんが林業から離れたのかと思った。しかし、そうではなかった。土地問題の深刻さを乗り越えるには、所有者と土地について接点が持てるようになっていなければならない、と考えた上での策だった。土地家屋調査士は山林のことまでを依頼されることはふつうないそうだ。山林はあれば資産としての自覚はしても、そこに管理が必要だという認識は一般的にはとても乏しい。しかし、家や土地（平場の）についての専門家という立場になることで、「お持ちの山林はどうされてますか？」などと一歩を広げていける可能性がある。

長い道のりをエコロジカルな林業をやるために歩いてきた宮﨑さんを天は見ていたんだ……と思うのは、先の斎藤さんのように「宮﨑さんの知見と技術をこのまま埋もれさせてはならじ」と思う人、「甲奴のためにこの人にとどまってもらいたい」と集落支援員という肩書きでより地域に密着しながら多少の安定収入が得られる策を講じている地元の住民自治組織役員、甲奴の活性化に宮﨑さんの森の知識と技術が生かせるとふんでいる地元選出議員、などなどが宮﨑さんを制度的なルートと違った流れで「森林管理者」に押し出し始めているからだ。その連携でロルフの招聘がかなった。

宮﨑さんがロルフの近自然森づくりを地元に紹介するのは、「甲奴の人にこういう森づくりがあるというのを知って欲しかった」という。いくら彼女が林学の出身で、元林務職員で、森林組合に勤めていた……という背景を持っていても、甲奴では歴史の記憶がまだまだ根強くあった。それが古くからのマツタケ産地で、地域の50~70代の人たちはそのマツタケで暮らしが潤った、という記憶がある。しかし、中国地方を真っ先に席巻したマツクイムシ被害による松枯れと、その後のマツタケの衰退で里山離れはさらに加速した。結果、ここもぼさぼさの藪状態の里山が大勢となっている。

しかし、それでもまたアカマツを育てたい、という思いは（実際に育てるのではなくとも）根強く、違う樹種の山にしていくことに対する抵抗感が地域にはあるという。その反対に、狙いの樹種以外ならば、別にほっておけば生えるでしょ、という感覚も強いという。ロルフのワークショップには地域の人全員が参加できなくとも、なるべく多くの人にロルフの話を聞いてもらうために甲奴ではシンポジウムも開催された。そこではロルフ、山脇さんとともに宮崎さんも登壇して、地域の多様な樹種に即した森づくりを進めたい思いを熱く語った。

5　集落全体の中での管理

宮崎さんは集落支援員となったことで空き家対策事業も手がけているが、全国的に今は家屋に対しては放置にブレーキをかける動きが出てきていることを実感している。そして、その空き家のもともとの住人にしてみれば、家だけが地域に残っているのではないのが一般的だ。田畑に山（森林）。みんながみんなそうだとは言えないが、高い確率で3点セットになっていることに宮崎さんは注目した。田畑の周りでは樹木が大きくなり日陰を広げてしまったり、伸びた枝でトラクターなどが使えなくなる状況が出てき始めている。ただでさえ少なくなっている担い手が、田畑の状況がより働きにくいことになった段階で「やめる」選択がされることが非常に危惧されている。空き家だけを何とかするのではなく、空き家が出ればついてまわるそのような耕作放棄予備軍にも「森林の技術があれば手を出すことが可能」と見る。

家、田畑、森林、と並べられたとき、森林の扱いに意識が向く人は多くない。まず家、そして田畑。そこでたいていストップだ。森林にたどり着く前に、田畑の周囲の整備に森林を扱う技術と知識は役に立つ、という水の向け方が使えると宮崎さんは考えている。まずは身近な田畑の周囲の整備力を身につけてもらうことで、その先にある森林に目を向けてもらうもくろみだ。

2016年のロルフワークショップの余波で、地域に森林の専門家でもある集落支援員がいることが知られた。「うちの山、どうしたらいいか」という相談が新たに出はじめたり、宮崎さんに森林の相談をすることを念頭に空き家に入ってくる人も出てきた。移り住むときに、最初から森林の維持管理をしたいと入ってくるというのも新しい動きだ。田園回帰という言葉に惹かれるIターンの人たちには、地域に森林の管理の相談に乗ってくれる人がいる、というのが1つの魅力になる時代が来るのかもしれない。

終章　「気持ちいい」森で生き延びる

1　新しい価値観

スイス近自然学研究所の山脇さんが、講演でスイスの近自然について紹介するときよく使う次ページのような図がある。

「左と右、どちらがみなさんいいですか？」と聴衆に尋ねる。左はこれまでの日本で正しきこと、良きこと、美徳とされていた価値観かもしれないが、本音はどう？　右のがいいでしょ？　とまるで何かの勧誘のように人々を誘う。「清貧で、がまんして死んじゃうって、かっこいいですか？　日本では、かっこいいとされてたかもしれませんが、近自然ではそれかっこよくないんです。死んじゃダメなの。何としても生き延びる。これがスイスの近自然」と近自然を定義して、次のように解説する。

わがままで贅沢、欲張りで楽チンで気持ちいい。これが近自然。本音では自分も右だなあと思ったら、それにはちゃんと理由があるんですよ、と言う。

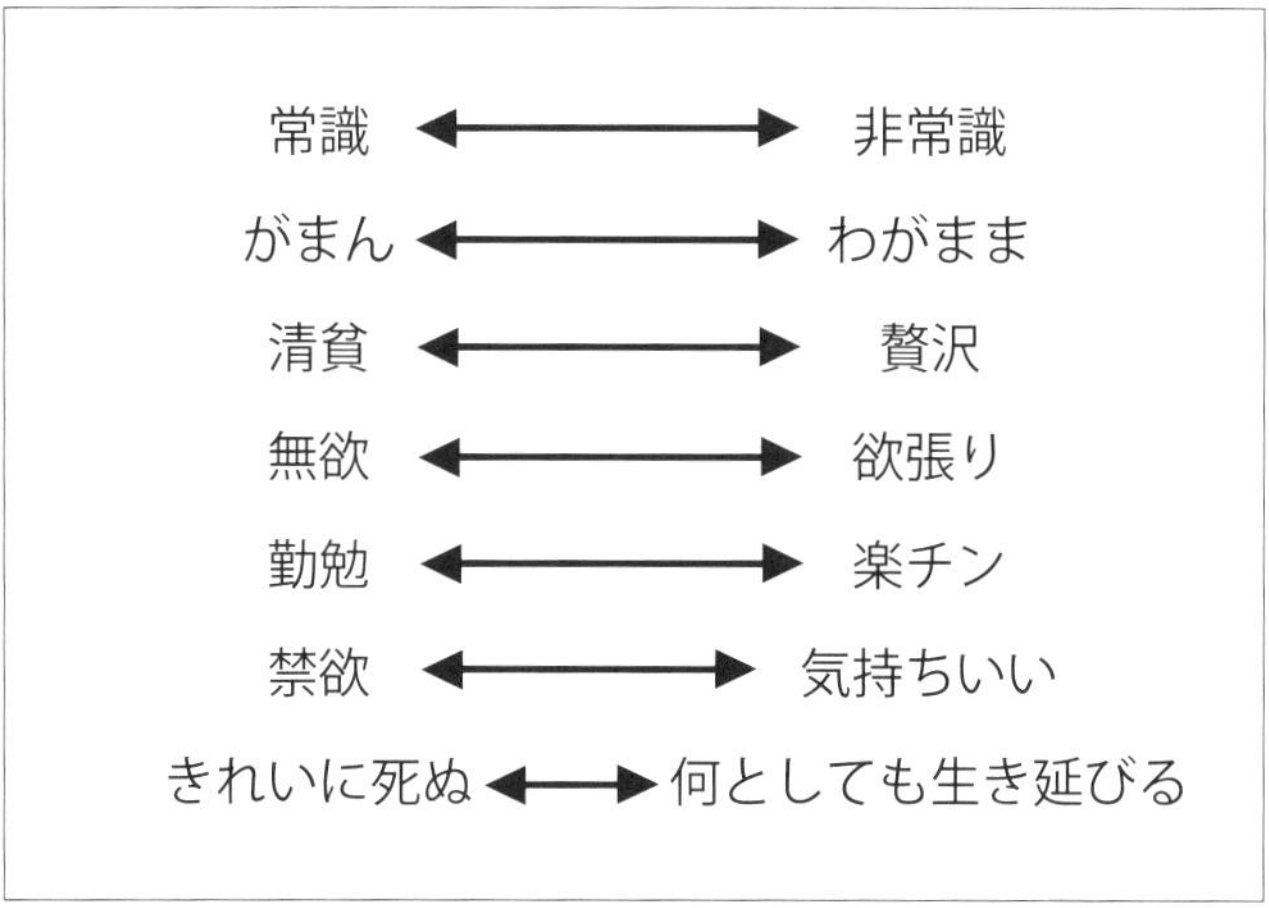

図1　価値観の転換。

非常識というのは新しい時代に適応しているということ。常識はだいたい古い時代のものだから。わがままとは主体性を持って自分で決めて自分で責任を持つということ。単なる幼いわがままのことではない。

贅沢とはクオリティを重視するということ。

欲張りはあれもこれも、右も左も1も2も3も欲しいよねっていうこと。環境か—豊かさか—じゃなくて、環境も—豊かさも—全部欲しいよねというのが近自然。豊かになるともっと環境が良くなる、というのが近自然。

楽チン。森の仕事で楽チンは無駄をなくすということ。それほんとに必要なの？　とちゃんと問うて、作業は投資だから、その投資したお金がちゃんと返ってくるのか？　そこをしっかり考えてから行動する、となる。

そして「気持ちいい。それは、きれい、いい音、いい匂い、旨い、良い肌触り、というようなもののこと」。初めて聞いたときとても新鮮だった。教育や子育てと森が関連するような取材では、五感や感性を育むために森がいかに重要な役割を持っているかということを何度も多数の方から聞いてきた。私自身もそれを強く実感している。しかし、「生き延びるために、気持ちいいか良くないかを感じられる感性が重要」という視点は初めてだった。

気持ち悪い、不快、痛い、などは何かしら自身の心身に危険が近づいているシグナル。五感は危険を察知するセンサーなのだ。だから、「気持ちいい」状態をつくることが安全で安心で「生き延びやすい」とされる。五感に感じる気持ちいいかどうかは、危険を察知するバロメーターとなるものだった。日本では、なかなか「気持ちいい」という主観的な捉え方で重要な判断をすることはまだあまりない。

しかし、私たちの「気持ち良さ」で身の回りのものの良し悪しを見直すとき、さまざまなモノ、コトが変わりうる。身近な住まいはもとより、地域や街のつくり方からあり方まで、もちろん判断基準はそれぞれに必要だが――安全に対する具体的なこととか――そこに必ず「で、その形は、その素材は、そのあり方は、気持ちいいか？」などという問いが決定打として出るような社会になるとしたら、どうだろう？

もともと四季のはっきりとした、海と山に恵まれた日本の自然がその本来の姿を私たち人間の感性でより美しいものにしていけるような、そんな社会になっていることを想像するのは楽しい。いや、現実として、スイスはあたかも自然そのままのように見える川や湖や森を「人の関わり（すなわち近自然で）」でつくり変え維持していっている。街づくりにももちろん活用されている。

日本でそれが進むかどうかは、私たちの価値観がどのような具体的システムを望むかによるだろう。しかし、少なくとも良いシステムは1つではなく、よりどちらを自分が望むかを考えて選べることを知ることができて、良かった。日本に広がる森は国土の3分の2を占める。全部とは言わない。しかし、人々と関わりの深い地域の森が「気持ちいい」森になったら、さらにそれによってその森が経済的にも価値を上げているとしたら、素晴らしい。

2　林業を誇りに

しかし、「気持ちのいい森」は、黙っていてできるものではない。ここまでで繰り返し出てきているが、近自然森づくりは徹底的に現場の森林の状態を観察し続けることが土台にあって、目標が定められ、その上でさまざまなアプローチが決まっていく。そして、「観る」ためにはさまざまな視点が必要で、森林という自然を扱うために必要な知識と技術が伴わなければかなわないことばかりだ。

つまり、森林に対する膨大な知識と技術と経験を持つプロフェッショナルが必要だ、ということになる。ただでさえ大変な林業の仕事に、そんなたくさんのことを要求して……と言われるかもしれない。現実的に、林業という仕事につく人が激減してきた中、この近年は新規に入ってくる人たちが増えてきているとはいえ、リタイアする人の多さと、新規に入っても続かないという継続性の問題とで、全体ではとんとん、もしくは微増というところになる。

2015年に奈良県農林部がロルフを招聘して開催したシンポジウムの中で、林業に就職したいという若者を増やす、あるいは就職しても継続が難しい、という問題についてロルフの見解を聞く機会があった。そのときロルフは「確かに林業の仕事は大変だが、それが若者の離れる原因だろうか？」と逆に問うてきた。あ、と思った。3Kと言われ、こんなに大変だから、こんなに何とかだから、と最初からネガティブな視点でダメな理由を考えてしまいがちなのは私も同じだった。

しかし、ロルフは次のように言った。

「たとえばスポーツはどうだろう？　大変で困難な面がたくさんあるにもかかわらず、多くの人が興味を持っている。それはなぜか？　スポーツには明確で魅力的な目標や目的があるからではないだろうか。そのために人は地道なトレーニングを何年もしんぼう強く行っているわけで、もしかしたら林業にはその『目標』『目的』がないのではないだろうか？」

確かにトライアスロンやマラソンなど、持久系の過酷なレース、あるいはロッククライミングなどなど、わざわざ大変なルートややり方を目標に掲げて挑む人たちがどれほどいることか。そういう厳しく大変なスポーツをあえてするのはどうしてか？　とロルフは言う。

「スポーツは目標がしっかりしていて、トレーニングの時間がきちんととられていて、社会からのたくさんの支援や支給（道具・ノウハウ・教育・将来像）があるが、林業はどうだろうか？　トレーニングのための設備、安全面での保証、学ぶためのインフラ。若者が林業で活躍するためのものを林業側が提供できていないのではないだろうか？　そもそもちゃんとした作業員の教育体制があるのか？

その教育を受けたらどんなことができるのか、そういうところが明確になれば、森林作業員は誇りを持てるようになる」

本当にそうだと思う。ただただ林業が厳しく汚くきついだけで、しかも言われた作業を言われた通りにしなければならない、という職業であり続けるならば、先々その仕事につきたい人は必ず減ることになる。イメージだけを良くしても、実態がそれについていかなければ継続は難しい。いずれ落胆してやめていくことになるだろう。

今後、日本は人口減少の中で若い人は相対的に必ず減っていく。これは確かな中で、一方多くの仕事が世の中にはある。そのとき、魅力のある「やりたい仕事」として林業があるのか？　その魅力とはなんだ？　と真剣に考えて動くときにきているのではないだろうか。

スイスでは、森林作業員の教育を受けた人は他の分野でも重宝されるという。厳しい教育やトレーニングをくぐり抜けた人材であるという認識が社会に定着しているからだ。

「泥だらけになるのもいとわず、何事も注意深く観察でき、さまざまな技能を習得していて、問題解決の思考を訓練された人材となれば、どこも欲しがるだろう。林業は忍耐力、観察力、技術、教養など、さまざまな要素を必要とする。林業の教育を受ければそういった要素を備えた人材になれるという認識が、林業に携わる誇りにもつながる。そうなれば、志願する若者も必然的に増えるだろう。若者が離れていくのは、教育面でのサポートが弱いからではないだろうか」というロルフの指摘を重く大きく受け止めたい。森と人の豊かさが両立して持続するためには、そのように両立させうる人の関わりがあってこそ、なのだから。そして、短い時間の接点でも、ロルフと出会った高校生が宿した種を思うとき、林業に携わる誇りの種がしっかりまかれるような教育がこれからは必要なのではないだろうか。

３　「やらない選択」もあり

この本でも、近自然森づくりを知ったことに端を発して、雪国の地域性を生かす多様な森林の扱いを学べる教育体制をつくろうとする動きが富山県南砺市の利賀であることを紹介した。あるいは、学校という形態にはこだわらず、現場で学ぶシステムを自分たちの地域の独自性に落とし込めないかと夢見ている豊田市の動向も注目したい。人材育成は長年課題にあげられ続けているので、違いは多々あってもスイスで社会に定着している実際的な教育システムを知ると、触発されることは多い。ここでは最後にもう１つご紹介しておきたい。

奈良県は２０１４年の日本とスイスの国交樹立１５０周年の年を契機に、知事の肝いりでスイスのベルン州との友好提携が結ばれた。ベルン州はスイスに２つある現場フォレスターを養成する学校の１つがあるところだ。数年前に、県の林務職員が総合農林の佐藤さんと出会ってドイツ・スイスの視察に行っていたことから、森林林業における交流が企画され、県全体の事業に位置づけられていった。２０１６年の11月にはプレスリリースで以下のように発表されている。

「奈良県では、（中略）本年11月16日、リース林業教育センター（フォレスター養成校）と友好提携に関する覚書を締結しました。この覚書は、（中略）経済性と環境保全を両立する森林管理の実現に向けて、林業の職業教育と研修、また森林や林業に関する様々な分野において積極的に交流と協力を発展させることに合意し、締結したものです」

手始めに、２０１７年度はリースにあるフォレスター養成校からの学生、つまりフォレスターの卵が研修に来日することになっている。県内の２つの村が２人ずつリース校からの研修生を受け入れて８週間の研修をする予定だ。

２年制のリース校では、２年間を通して常に実践型の学びが行われている。それは、現役フォレスターが実際に出合ったリアルタイムな事例をもとに、「あなたならばこういう場合どうするか？」という形の演習が中心に置かれているのだ。その事例の中に、フォレスターとして身につけておくべきカリキュラムが落とし込まれているという点が、実践に即している大きな点だ。

さらに、実際の現場での研修が２年間で３回、トータルで22週間というカリキュラムになっている。ヨーロッパに位置していることも関係しているのか、積極的に国外での研修を学校は勧めている。日本では、２０１３年に初めて総合農林に研修に来た過去があり、今回が２度目の日本での実施となる。

彼らはフォレスターという役職に対しては確かに学生なのだが、前述のようにすでに一人前の作業員としての仕事を経ているので、現場作業においてはちゃんとしたプロだ。その上で森林管理と経営の責任者となる訓練の最終段階にいる。そういう彼らに、現場フォレスターとしての役割や立ち位置、森林所有者やさまざまな林業関係者たちとの関係のつくり方、管理と経営を実践するために必要な制度、政策的な枠組みなどに対して指摘してもらうことを期待していると実習生受入れ担当の森林整備課の岩井信行さん（2016年度時点。現在は南部農林振興事務所）は言う。

「たとえば、現場の安全管理とか、救命救急とか、現状ではスイスのようにできていないことがあるんです。それでは現場で働く人たちにとっては良くないんですが、これまでの慣例であまり焦点が当たってこなかったところに、スイスのフォレスター（卵）から見たら『そんな危険な状態では仕事はさせられません』とかの指摘があったりするんじゃないか」と岩井さんは日本とスイスの交流で浮き彫りになりそうな点をあげる。

つまり、日本の林業現場に入ったスイスのフォレスターの卵たちによって、安全でより良い森づくりと木材生産をするために変えた方がいいこと、逆に今のままでいいこと、または、しない方がいいことなどのあぶり出しができるのではないかと岩井さんは期待している。

「自分たち県の職員は、どうしても何かをしなければならないという気持ちに追われているところがあるんです。でも、ロルフの研修でもたくさん出てきますが、やみくもに何かをするのではなく、観察こそが大事。ただ、それは行動として何もしていないように見えてしまうので、その選択が県の職員には難しい。だから、林業行政界のゼロの発見と言いますか、常に何かやることを良しとするのではなく、観察の重要性に気づいて〝やらない選択もある〟と、ゼロの選択に気づく機会にもなるんじゃないかと思うんです。その場合、放置とは違って観察の継続をどう業務に組み込めるかが重要です」

確かに、非常にコスト意識の高いスイスでは（人件費もさまざまな物価もほぼ日本の倍ぐらい高い）、作業をすることは経費がかかることだから、徹底的に無駄な労力はかけないように見きわめるよう教育される。自然をよりよく知るメリットも、自然の動きを利用できれば人為をかけなくてすむからだ。6章で紹介した栗本さんのように、「山の都合」をうまく利用する。自然がしてくれるのならば、人の手はかけないという選択が生まれる。岩井さんは、行政は「何かをするのが仕事」というプレッシャーを受け続けて「あえてしない」選択がなかなかできないことが、森にとっても人にとってもマイナスだと考えていた。

フォレスターの卵たちが過ごす8週間の中で、岩井さんが期待するようなゼロの発見がもたらされるのかどうか。いずれにしても、交流することによって見えてくるものはあるにちがいない。奈良県のみならず、それが他県にも波及される実りとなるといい。

4 「考え方」のトレーニング

近自然森づくりが森と人の豊かさを両方かなえるために、教育や、4章でも出てきているさまざまな法律や制度政策との連携が土台になっている。そして、そのどの段階でも重要になるのが、私たちの意識と「考え方」そのものだ。

現状目先のさまざまな問題に取り組んでいると、それらの問題とその解決に没頭していってしまうことはよくある。問題に対して今できること、今間に合うことで対応するのは、一見現実的なようでいて、堂々巡りや、理想から遠く離れたり目的を見失ったりしがちになる。

5章でも触れたが近自然森づくりを取り入れようとするときに、非常に大事なことがバックキャストという「考え方」をすることに行き着く。ヴィジョン（理想像）を共有し、ゴール（到達目標）を決めて、そのゴールに到達するためのルート（手段・道筋）を考える、という流れは逆行させてはいけない。つまり、先に手段を決めてはいけない、ということだ。

しかし、これが私たちには難しい。遠い理想像や目標設定のところから始まってそこにどう至れるのか？　というバックキャストの思考方法の訓練を日本の教育の中でも家庭生活の中でも、繰り返してはきていないからだ。むしろ、目の前の問題、課題にどううまく対応するか、というフォアキャストの思考方法をずっとやってきているので、まずはこの2つの違いの理解が必要になる。

そこで山脇さんは、バックキャストの考え方のエクササイズをいろいろ考案している。

基本は、ヴィジョン（理想像）、ゴール（到達目標）、ルート（手段・道筋）の3つをしっかり分けて考えられること。ヴィジョン（理想像）はしばしばたとえられるが、めざす遠い北極星のようなもの、と言われる。あるプロジェクトに関わる人たちが、「それ、そっちの方に行きたいね」と共有できるものが望ましい。

ヴィジョン（理想像）がはっきりしたら、次がゴール（到達目標）とルート（手段・道筋）だけを分別する。

たとえば、ヴィジョン（理想像）は「住民の豊かで幸せな人生」と設定されているとして、川づくりの現場で「空石積み工法」と「安全で豊かな河川環境」のどちらがゴール（到達目標）でどちらがルート（手段・道筋）か？　というようにいくつもの2つの項目を並べて、「どちらがゴールでどちらがルートか？」と頭のトレーニングを繰り返す、とか。

このように並んで例示されると「空石積み工法」が工法とあるから手段だな、と推測しやすいが、往々にしてどんな工法でも、それをやることが目的と化してしまうことがある。その間違いをしないためにこの分別のトレーニングはある。

そういう分別のトレーニングのお題はたくさんあげられる。有機農業、経済活性化、トキ放鳥、赤字解消、環境教育、増税、生物多様性戦略、次世代配慮、物質循環、海外留学、エネルギー自立、ハイブリッドカー、……どちらにもなり得る物もあるとしながら、要は分別してこの目標と手段の位置関係を間違えないように頭の中が動くようにすることがエクサザイズの目的だ。

また、次のような2つの状態はどちらが「フォアキャスト」でどちらが「バックキャスト」かを見分けるというエクササイズもある。たとえば、

a．マーケティング・リサーチをもとに、何が売れそうか考え、それを今いる人材、今あるテクノロジーで製品化する

b．新しい時代が求めているシステムをイメージし、そこから具体的な製品の形に落とし込み、それを実現するために必要な人材とテクノロジーを考える

というように。答えは、bがバックキャストだ。

また、目標の設定には時間的な段階もある。たとえば、災害に強いまちづくりをヴィジョンとすると、次のどちらが10年後のゴールでどちらが20年後のゴールか？

a.「地震津波に強い都市計画の実現」

b.「安全性の高いゾーニング」

こういうエクササイズは、初期の段階ではバックキャスト思考法が当たり前になっているコーディネーターのもとで始めることが肝となる。そうでないとどちらがどっち？　とわからなくなることがよくあるのだ。意識的に分別する考え方の癖づけができてくるまで、迷ったら確認できる人が周囲にいるとありがたい。

スイスで生活している山脇さんにとっては、バックキャストの思考法は周囲が当たり前にやっていることだが、総合農林の佐藤さんは、「日本ではなかなか言葉にしないから」と次のような応用編のエクササイズを紹介してくれた。

「私たちは『問題』という表現をよく使いますが、バックキャストでは問題とは『理想と現実との差』と定義します。本当はこうありたいけれど、現実はそうなってない。その場合の差（ギャップ）が問題点です。

たとえば、図2のように、この理想（あるべき姿、希望とも言う）と現実の差が問題点です。

問題点が明確になれば、その解決策を見つけやすく、議論が建設的になります。逆説的に、できない理由をならべるときというのは、その場をやりすごしたいという隠れた動機がある場合が見られま

理想		現実
テストで100点をとりたい	→	いつも50点
女性と打ち解けて話す	→	緊張して話せない

林業の理想		現実
高い生産性	→	生産性が低い
病害虫の被害がない	→	どんどん広がっている
作業員を5名確保	→	2名しか確保できない
ナラ材で家具をつくる	→	ナラ材を生産できない
この丸太を1万円で売りたい	→	5千円に買い叩かれる

図2　理想と現実のギャップ。

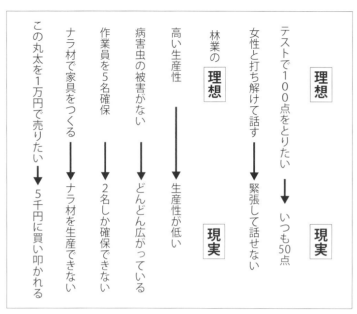

す」と言い、佐藤さんの林業への応用のこのトレーニングは、解決策を見つけることの前の段階、まずは理想（あるべき姿）をイメージすることに力点がおかれているものになっている。それは、あるべき姿がイメージできないと、バックキャストは始まらないという条件がある中で、自分たち日本人は「あなたはどうしたいか？／どう思うか？」という訓練を十分に受けずに大人になっている人がとても多いことを背景にしているという。あるべき姿、あるいは自分がどうしたいのか、というシンプルな自分自身の希望や欲求に焦点を当てる日常の中での繰り返しが乏しいことが、フォアキャストから抜け出せないことの根本にあると佐藤さんは見ている。

それゆえ、佐藤さんがコーディネートする場合は想像しやすい身近な理想像をまず設定し、小さなバックキャストを繰り返しトレーニングすることで、これまでの習慣に乏しいことを補う工夫をするという。

そうしてあるべき姿がイメージできるようになったら（そういう癖がついたら）、次は具体的なゴール（いつまでにそれを達成するか）を設定して、より先を見た、総合的な戦略を組み立てていくトレーニングに展開していくことができるようになる。

佐藤さんも、これらのエクササイズはとっつきやすい反面、本当のバックキャストを理解している人がコーディネートしないと、この展開時に簡単にフォアキャストに陥ってしまう可能性があるという。

私たちの考え方、思考方法は、長年のもはや自覚しづらい癖によって導かれていることがとても多いと私は思っている。バックキャストの思考方法が正しいか正しくないとか、いい悪いなどの判断を抜きにして、意識的、自覚的に未知の考え方にトライするのは、純粋におもしろい。その中で、自分が無意識のうちにとっていた考え方の癖に気づける。気づけると、その思考方法をそのまま続けるのか、あるいは時と場合によって別な思考方法を使うようにする、などの選択を自ら行うことができるようになる。

特に、管理や指示をする立場の人たちは全体像を俯瞰し、目標に向かってさまざまなステップで何をするかを決める必要がある。バックキャスト的思考を身につけておいて損はない。

5　少しずつ試すところから

最後に、近自然森づくりは、ゆっくりとした変化が真骨頂にあることをあらためて強調しておきたい。植林はダメで天然更新、とか皆伐はダメですべて択伐、とか、針葉樹はノーで広葉樹がイエスとか。そういうゼロか100か、というあり方は近自然森づくりでは決して勧められていない。

特に、自然条件も社会条件も違うスイスと日本。あちらでできることがそのまま日本でできるとは限らない。一方で、「だから日本ではできない」と頭から否定されるのもまた違うと思う。目標が決まったら、その目標に到達するための手段を考える。その手段の中で、これまでのやり方を変え、工夫をしてみる余地が見いだせたら、まずは一部でトライしてみる。それによって森はどのような反応をするのか？　判断のもとになるのは、まずもって関わる森林の様子を見ることに尽きる。だから、少しやってみる。しかも、できるならばいろいろな余力がある段階で。

さまざま指摘されている日本の林業補助金。しかし、現在まだ使える補助金があるうちに、いろいろな課題を試してみることは、可能だ。現にそう言及する人が何人もいた。現状、補助金があるからただ言われた通りにやるだけか、一方ではそれを活用しながら将来の展開を考えて試行をするか。それも自由な選択だし、どちらかを必ずやらなければならないわけではない。短期間で関わる人が入れ替わってしまうとか、単発の作業の関わりしか持てない、という条件のもとでは確かに難しい。

しかし、地域に根ざして継続した関わり方をしようとしている人たちと、それを制度的にも支えるあり方が出てきている。さらに、現在国が創設しようとしている森林環境税案（２０１８年度に結論目標）は、市町村自治体で森林に特化して携わる人材を擁するために使われることも1案として出たことがある。そのポストに必要な人材を、ではどう育てるのか？　という課題を持ちながらも、継続性と地域に根ざすという形がつくれる可能性も出てきた。

もしそれが実現できるなら、その場合も1度そのポジションについた人がそのままずっとというよりは、そのポストのあり方そのものがまだ試行錯誤ということにしてはどうだろうか？　3年とか5年ぐらいの経過観察をしながら、どんな人材、どんな役割がそのポストには必要なのかの見きわめがされて、それから本格的なポストの設置、となるのがいいのではないか？　その間に、求められる役割に対する教育体制の構築も進められる。一気に制度をつくるのではなく、制度をつくる試行期間がある方が安心だ。

それもこれも、「気持ちのいい森」をめざす中で、より良いやり方、あり方を私たち人の側が柔軟に、かつ本質的な目的に沿って動けるようになっていることが鍵になる。

もともと自然を「じねん」と読んできた日本人。おのずからしからしむ、あるがまま、という意味の「じねん」は、自然を対象物として見るのではなく、自分たちもその一部として受け止めている考え方という。自身を自然の一部のごとくあるとする心情は、自身の「気持ち良さ」を鍵にすることができるのではないか。あたかも自身がその森の一部として、「ああ、これは気持ちいい」という姿が、森と人の両方を豊かにしていく森づくりとなるような、そんな遠い北極星に向かっている途上にいられるならば、私は幸せだ。

おわりに

多彩な樹種が使われた家は、山仕事の塾に通う中で出合ったこと、出会った方々のおかげで建てられた。その塾は、信州大学の林学科（1995年当時）を前年退官した島﨑洋路先生と、その旧制中学時代の同級生で長野県の指導林家だった保科孫恵先生という2人の昭和3年生まれ（1928年）が講師だった。植林のための準備——地拵《じごしら》え——、植林、下刈り、枝打ち、間伐、搬出などの人工林を育てる標準的な一連のやり方と、樹木を覚えたり、測量をしたり、道（いわゆる林道というほどのものではない）づくりから山菜を採ったりキノコの菌打ちや炭焼きも経験した。

本当に、やることなすこと一つ一つが新鮮で、おもしろくてたまらなかった。それは街で育った人間の完璧な無知と未経験ゆえの関心の持ち方だったかもしれないが、自然と関わる仕事の一端に触れたことで感じ、知りえたものははかり知れない。学んだ項目そのものもだが、戦前育ちのお2人の話には、自然との関わりが濃密で当たり前だった少し前までの日本が浮き彫りになっていた。そのことに触れられた恩恵を思わずにはいられない。

塾で学んだこれらの一連の仕事、作業は、当時の日本の林業の人工林の育て方の典型と言っていいと思う。だから、この本の中では、植林があたかも自然に反することのように書かれていると思われそうなことに、忸怩たる思いがある。植林自体を、決して否定しているのではないからだ。防災はじめ、さまざまな必要性で森をつくってきた人たちの努力と工夫に敬意を持っている。植林だけを取り上げていい、悪いというような話ではないことをあらためて強調しておきたい。

しかし、林業としての植林は、植えさえすればそれで売れる木が育つ、という話ではないことは、実のところ一般的にはあまり知られていないと思う。間伐の重要性は近年広く知られるようになってはいるが、売れる木材のためには、どんな商品でもそうだが、さまざまな工夫と努力が必要になる。しかも、そういう工夫や努力以前に、植林した人工林が公益的機能から生態系、安全性などなどを維持するために欠かせない手入れがある。現在、間伐の手遅れでその必要性が訴えられてきているのは、その最低限ができていなかったことから起きている。

そう、戦後の拡大造林で広がった人工林の多くが、当初の計画ではありえない流れで植えっぱなし状態に置かれることになった。必要な手入れがことごとくできないまま何十年も置かれていった。その理由や原因は、社会の変化と共に「やむなし」と思えることがたくさんある。しかし、結果として必要な手入れができなかった、なされなかった人工林が非常に多かったことは事実としてある。

その事実を思うとき、本当に木材生産のために植林をして収穫までの何十年間、最後まで手をかけることができるのか？　という問いが植林で始まる人工林づくりには必要だと私は考えている。手間は、もちろん経費となる。そういう手間と経費をかけて育てあげることができるのかどうか。木材価格は世界のマーケットの中で動いていて、自分たちでコントロールすることができない。何十年先のマーケットを予測することも、できない。

そんな困難な状況で林業経営を可能にするには、どうすればいいのだろうか。長らく私はそう思っていた。そんな中で出合ったスイスの近自然森づくりは、ある意味でコロンブスの卵だった。「両立の思考」と山脇さんは説明しているが、あれもこれもどれも、と言わんばかりにいろいろな面でリスクを回避するように考えて実践する。多様性を持たせることが、リスク分散の要諦になると同時に自然にとっても望ましい、という一致は、痛快だった。

環境にとっていい森とするか、いい木材生産をするための森にするか、これまではそれが対立軸で見られてきた。それを「どっちにとってもいい森」とする考え方は、残された唯一の道に思える。

しかし、多様性を持たせながら人の望む木材も得る林業は、とても高度なものとなる。しかも、スイスのように氷河期を経て高木となる樹種が20種ぐらいという地域ではできることが、高木となる樹種数が100を超えるような日本でできるのか? 気候風土が違う中では、「そのまま」同じやり方にはならないのは当然なのだろう。

より手間と経費をかけず、より自然に負荷をかけず、より人々の暮らしにとってもいい。森の三方よし。日本での森の三方よしには、何が必要なのか? まずはそこから始めなければならないのだと思っていた。しかし、実は広葉樹についても、土壌についても、その他さまざまな研究がされてきていて、そのことを知らないだけ、ということが多いことを知るようになった。もちろん、これからの研究、実践は多いだろうが、すでに蓄積されている研究が、どう現場に実際に生かせるか、ということも大事な一歩にしていく時代になっていると思う。

7章で、畠山重篤さんの講演に感動したと書いたが、その後畠山さんの著作を読んでみると、いろいろな研究者とのつながりが出てくる。牡蠣の養殖のためにどうして漁師が広葉樹を植林しているのか？　の科学的な理由は、これらの研究者の方たちとのつながりで解明され、また、畠山さんという伝え手によってわかりやすく広められていた。これまで知らなかったことが残念だ。そして、森でも研究と現場とが密につながってほしいと強く思う。

一方、本腰を入れて考え実行されなければ大変だとあらためて思うのが、林業に携わる人たちの教育だ。この場合の教育は、従来の学校で机に向かっているのが主のもののことをささない。ロルフを窓口にして知ったスイスのすごさは、知識と実務を不可分のものとして捉えていて、教育は知識を「知っている」だけではまったく不十分とされている点だった。だから、実際の現場で「実践する」状態になることを教育でもゴールとしていることにどれほど羨望を持ったか。「身につける」プロセスは時間がかかる。といって時間だけがあればいいのでもない。繰り返しやる状況と、的確な指導。これがあることで、時間は短く、効果的に一人前に育てることができる。

その教育方法自体は、どんな仕事にも有効だと思うが、特に林業のような仕事には、どれほど意味が大きいかと思わずにはいられない。言わずもがなだが、林業は危険な仕事だ。命を落とす可能性は、いろいろなところに転がっている。どれほど教育があっても、どれほど経験があっても、絶対に安全とは言い切れないだろう。しかし、安全性を高めることは、できる。教育によって守れる命が確実にある。

同時に、直接的に自然に手を出す林業が、自然界にもたらす影響ははかり知れない。自然のメカニズム、生態系の見事なネットワーク、小さな地形の変化で起きる植物相の違い、さらにそれが引き起こす生き物相の違い……。森だけでは話は終わらない。森が源流部となることがほとんどの日本で、森から始まる川と海へのつながりは、先の畠山さんの話を聞いてあらためて思った。「森に対して人がすることの影響は、森だけでは終われないのだ」と。そのことを実感し、日々の仕事の中にちゃんと織り込めるようになることもまた、教育によってなし得るものだと思う。

つまり、森で働く人にとっても、森そのものにとっても、そしてその恵みを享受する私たちみんなにとっても、無知と経験不足がさまざまなマイナスをもたらすことを、私たちは知らなければならない。

林業とはそういう壮大ですべての自然の基盤となるような大変責任と価値のある仕事である、という認識が事実となるあり方が、近自然森づくりにはあった。わが仕事にそういう誇りと愛情を持つプロがたくさん働き、自然を知れば知るほど手間とコストがかからない、と日本でも当たり前に言われる時代がいつか来ますように。

＊＊＊　　＊＊＊　　＊＊＊

一見遠回りのようでも、時間がかかりすぎることに思えても、到達したい目標に対しては結局もっとも効率的で合理的。それが森が置かれている自然に背かず、自然に即すことで貫かれているのが近自然森づくりの真骨頂だと思います。どこまでそれを表せたのか、自身の力不足を感じるばかりですが、貴重な時間を取材させていただいたみなさま、本当にありがとうございました。さまざまなチャレンジがこの後も続くことと思いますが、ゴールに向かっていかれることを願ってやみません。また、さまざまなお話を聞かせていただいたものの、最終的にお話を掲載できなかった方々には、お詫びと共にお礼を申し上げます。

最後に、ロルフ・シュトリッカーさんとご家族に深い謝意を表します。全体を通してさまざまなアドバイス、監修をしてくださったスイス近自然学研究所代表の山脇正俊さん、近自然森づくり研究会の佐藤浩行さんには、本当に多くの時間とご協力をいただきました。深くお礼を申し上げます。また、資料や情報の提供を逐次していただいた、同じく近自然森づくり研究会の熊田洋子さん、中村幹広さん、岩井信行さんにも、大変お世話になりました。今後のみなさまのご活躍を期待しています。

２０１７年４月　新緑が多彩な色を見せる美しい季節に

浜田久美子

［著者紹介］

浜田久美子（はまだ　くみこ）

1961年、東京生まれ。早稲田大学第一文学部卒業、横浜国立大学大学院中退。精神科カウンセラーを経て、木の力に触れたことにより森林をテーマにした著述業に転身。森とひとの関わりを取材している。スイスへもたびたび取材に赴き、スイスの実践的な林業教育を日本で応用できないかと模索している。

東京の自宅とは別に、長野県伊那に国産材30種以上の樹種を使った木の家を建て、休日には山仕事のかたわら薪を作り、ストーブ、ボイラー、風呂で活用する日々を送っている。

著書に『森をつくる人びと』『木の家三昧』（以上、コモンズ）、『森がくれる心とからだ』（全国林業改良普及協会）、『森の力』（岩波書店）、『基礎から学ぶ森と木と人の暮らし』（農山漁村文化協会、共著）、『スイス式［森のひと］の育て方』（亜紀書房）などがある。

スイス林業と日本の森林
近自然森づくり

2017年 7 月27日　初版発行

著者　浜田久美子
発行者　土井二郎
発行所　築地書館株式会社
〒104-0045 東京都中央区築地7-4-4-201
TEL.03-3542-3731　FAX.03-3541-5799
http://www.tsukiji-shokan.co.jp/
振替 00110-5-19057
印刷製本　中央精版印刷株式会社

　ISBN978-4-8067-1541-2